中西面点示范与实训

主编 张立祥 李娜

天津出版传媒集团
天津科学技术出版社

图书在版编目（CIP）数据

中西面点示范与实训/张立祥，李娜主编. --天津：天津科学技术出版社，2021.7

ISBN 978-7-5576-9433-3

Ⅰ.①中… Ⅱ.①张… ②李… Ⅲ.①面食－制作 Ⅳ.①TS972.13

中国版本图书馆CIP数据核字（2021）第121860号

中西面点示范与实训

ZHONGXI MIANDIAN SHIFAN YU SHIXUN

责任编辑：吴　頔

责任印制：兰　毅

出　版：天津出版传媒集团 / 天津科学技术出版社

地　址：天津市西康路35号

邮　编：300051

电　话：（022）23332377（编辑室）

网　址：www.tjkjcbs.com.cn

发　行：新华书店经销

印　刷：三河市佳星印装有限公司

开本 710×1000　1/16　印张 13　字数 250 000

2021年7月第1版第1次印刷

定价：50.00元

前　言

经过几十年的积极探索与实践，中西式面点在理论与技术方面均得到了一定程度的融合，充分发挥两者的优点，弥补双方的不足。但是，由于中西方饮食文化的差异性，从加工制作角度考虑，中式面点与西式面点之间还存在着明显的不同，明确中式面点与西式面点的加工制作差异，探索有效融合渠道，是促进中西式面点加工制作进一步优化与改善的前提与基础。

全球经济一体化背景下，中西方之间的交流与联系日益紧密，中式面点在继承传统加工制作工艺的基础上，也要吸取西式面点在加工制作方面的优势，洋为中用、内外兼收，从而真正促使中式面点的现代化、国家化发展，使优秀的中华饮食文化走向国际市场，为提高国家综合影响力做出重要的贡献。

目　　录

上篇　中式面点

下篇　西式面点

中式面点

第一章　中式面点概述

中式面点是中华饮食文化的重要组成部分，素以历史悠久、制作精致、品类丰富、风味多样著称于世。本章简要介绍中式面点的起源和内涵、中式面点的主要形态、中式面点的主要风味流派等知识，使读者对中式面点有一个概要的认识。

第一节　中式面点的起源和内涵

一、中式面点的含义

面点是指正餐以外的小分量食品，有广义和狭义之分。广义的面点是面食与点心的总称。它包括主食、小吃、点心和糕点。狭义的面点是指把比较粗放的主食和部分小吃排除在外的小吃、点心和糕点。

从面点演化规律看，是先有主食、小吃，后有点心、糕点。从主食进化到面点，有一段发展过程。

中式面点的面是指麦面、米面、杂粮面类原料和制品；点是指点心，包括米、麦、杂粮等粮食作物经过特殊加工制作的各种食品；两者统称中式面点。它既是人们日常生活中不可缺少的食品，又是人们调剂口味时的补充食品。

二、中式面点的起源

“面食”这个词最早见于宋代，“点心”一词则在唐代就已出现，指在吃正餐之前先吃一点食品用以充饥，即用以垫饥、品味的，用米、面粉及莲子、栗子、枣子、银耳等制作的食品。到了宋代，则把专门制成的面食称为点心，即是指正餐以外的食品。由于面食和点心的词义比较狭窄，到近二三十年来则“面点”一词已普遍为人们所接受。

在我国，面食出现得很早。据考证，早在五千年以前，我国的面食制作已相当成熟，但面食品种比较单调。在已发现的甲骨文中，迄今仍无有关面食的文字记载。

三、中式面点的文化内涵

中式面点制作从古到今，来自民间，经过各兄弟民族的饮食交融和历代厨师的反复多次实践，既制作出品种繁多、风味多样的面点，又充满了中华民族的文化内涵，其文化特色主要表现在以下几个方面。

（一）名称典雅，感觉美好

中式面点多为广大劳动人民所喜爱，其中有一个原因就是面点的名称引人入胜，富有诗情画意。因为很多面点名称引用了民间流传的故事和神话，寓意吉祥如意。如“花篮糕点”，象征欣欣向荣；“百子寿桃”，象征长寿多子；“穆桂英挂帅”，取自宋代杨家将的历史故事。还有许多品种含有纪念意义，如端午粽，是自春秋战国以来历代人民为纪念爱国诗人屈原的。又如，寿桃做成桃形，寿糕做成九层糕，寿面取长寿命之意。有些面点因谐音“福”“禄”“寿”“喜”而走红。有些以美好的外形命名，如“元宝酥”“四喜饺”“开口笑”“花好月圆”等，给人以吉祥如意的美好感觉。

（二）传奇色彩，吸引品尝

不少面点，由于受到历史上的一些传说影响，增加了其传奇色彩，从而吸引了不少人去品尝。如清代宫廷风味中的肉末烧饼、小窝头，就因慈禧太后的喜爱而闻名。天津的“狗不理包子”，最初是清代末年一个名叫高贵友（乳名“狗子”）的人制售的，因受到许多顾客的喜爱，生意日益兴隆。许多与之相熟的顾客戏称其为“狗不理”，久而久之，就传遍了天津市，成为天津的特色点心。又如全国各地皆有的早点食品一油条，据传是南宋时期，老百姓对卖国贼秦桧杀害岳飞恨之入骨。当时临安有个做食品的小贩，把面团揉成人形放入油锅炸之，又香又脆，也很好吃，取名“油炸桧”，意思是把秦桧炸了吃，以解老百姓的心头气。其他还有一些食品，如月饼、饺子等，也包含许多传奇色彩的传说和故事。

（三）形象生动优美，富有民族特色

中式面点，自古以来，就注重色、香、味、形俱佳，给人以各种美的享受，既注重味美可口，又注重色、形美观生动，其中特别注重外形的变化。讲究一包十味、一饺十变、十酥十态、一卷一样，故需运用多种造型的制作技法，以达到既有形象又食用好吃的目的。例如，在一些全国性的烹饪名师技术表演大赛中，就出现过多种色彩、造型、质地都很优美的面点，让人得到一种美的享受。

（四）适应时令风俗，制作应节食品

中式面点，自古以来就与中华民族的时令风俗密切相关。早在春秋战国时期，民间就有四时八节的说法，“四时”是指春、夏、秋、冬；“八节”是指二分（春分、秋分）；二至（夏至、冬至）和四立（立春、立夏、立秋、立冬）。古人也非常重视按节令制作面点食品，例如，冬至吃馄饨、伏日食汤饼的习俗，至今仍在不少地区

流传。又如，北方大年三十吃饺子，南方过年吃汤团、年糕；正月十五全家吃元宵，端午节吃粽子，中秋节吃月饼，重阳节吃重阳糕，清明节吃青团等习俗在民间一直流传。在北方有一句民谚："冬至饺子碗，冻掉耳朵没人管；初一饺子初二面，初三合子围锅转。"合子也是一种饺子，平时是烙熟，初三是煮熟。正月初五叫"破五"，也吃饺子。实际上，中国人最讲究最看重的是大年除夕这顿饺子（也叫"年饭"）。这是祖祖辈辈血脉里传承下来的文化基因，全家人其乐融融在一起吃年夜饺子，以示来年平安吉祥、财源茂盛、人丁兴旺等的期望与祝愿。

四、中式面点的主要形态

中式面点的制作工艺是一门艺术，也是一门科学。它是我国历代劳动人民在制作面点的多年实践中共同创造的。从古至今，各式各样的面点形态荟萃了我国各地、各民族的智慧，品种众多，形态多样，味美可口。若把它们加以归纳，则离不开这样一些形态，如饼、馒头、面条、饺子、烧卖、麻花、粽子、粥等。

（一）饼

在我国古代，饼是一切面食的总称。烧饼、汤饼、蒸饼、笼饼、胡饼、麻饼等之称呼，只是制作方式不同而已。到清代，饼才开始指外形扁圆、长方、扁形的食品。今天的饼则专指蒸烤而成的外形为扁圆形的面食，或其他外形为饼状的食物。我国有很多独具特色的地方名饼，如金华酥饼、闽南薄饼、潮州姑嫂饼、山东周村烧饼、湖北黄州东坡饼、内蒙古哈达饼、上海状元饼、河南双麻饼、广东鸳鸯夹心饼、沈阳李连贵熏肉大饼、太原加利饼等。例如，山东周村烧饼有"薄、香、酥、脆"四大特点，清末皇室曾屡次调贡。

（二）馒头

馒头（馒头）一词最早见于西晋《饼赋》中，《饼赋》乃晋人束皙撰。《饼赋》中描写了麦面饼的起源，主要是下层劳动人民创造出来的；又提到了十多种面点的名称及一些食法；最后还描绘了制饼的过程和焖熟的技巧。这表明我国从晋代开始就有了馒头（馒头）。到了明代，馒头的品种不算多，但南北各地都有馒头，且普遍为圆而隆起的外形。到了清代，已发展到了有馅和无馅之分。当时已有了千层馒头、小馒头、豆沙馒头、南翔馒头、荞麦馒头、山药馒头等许多品种。今天的馒头，则是一种用面粉发酵蒸成的形圆而隆起的食品。原本有馅，后北方人称有馅的为包子，无馅的为馒头。馒头的形态可有圆形、长形、高柱形等。

（三）面条

面条是我国传统的南北方皆宜的面食品，且多是将面粉加水所制成的长条形（细、宽）的食品。据考古资料，在 4000 年前（新石器时代晚期），我国青海地区出现了由小米面、黍米面制成的面条。此发现证明中国是世界上食用面条最早的国家。汉代将面条称为索饼（水引饼），从这时计算，我国的面条也已有 2000 多年历史。到明清时期，面条的花色品种更加丰富，且出现了“拉面”“刀削面”等制法特殊的品种。

今天，面条遍及全国，南北各异，风味独特者不下几十种，比较有名的有四川中江的银丝面、湖北云梦县的鱼面、山西的刀削面、上海的葱油拌面、山东的百合面、北京的炸酱面、河北的杂面、延边的冷面、福州的线面等。在我国吃面也有很多讲究，与当地的风俗民情有关，如过生日贺诞常吃寿面，拜天地入洞房吃鸳鸯面，寺院僧侣吃素斋面，重阳节吃茱萸面等。

（四）饺子

据考古记载，在新疆吐鲁番的一座唐代墓葬中，发现了用小麦面制作的月牙形饺子。这说明在唐代，中国西部的面食中已经有饺子了。但饺子的名称在宋代才出现，初始叫角子，后才称为饺子。清代饺子的品种很多，有用米粉和面粉为皮做的两大类饺子。而面粉又分为冷水面皮、烫面皮、温水面皮三种。由于饺子的面皮制法多样，馅心变化多端，加之成熟方法也有多种，可蒸、可煮、可煎，因而饺子的品种更加多样。其中的名品有山东的“扁食”，东北的“老边饺子”，西北的“羊肉扁食”，苏州的水饺、油饺，淮安的淮饺，广东的“野鸭粉饺”“蛋饺”“颠不棱”“粉果”“艾饺”等。

（五）烧卖

烧卖，我国南、北方都比较喜爱这类食品。它是用热水面团做皮，将皮擀制成荷叶裙边，包含馅心的食品。其外形与有馅的包子、饺子均不相同。

烧卖是在元代出现的面点新品种。在宋元时期的话本《快嘴李翠莲记》中有关于“烧卖”的最早的记载，文中“烧卖”与“饺子”（扁食）并列。又云：“以面作皮，以肉为馅，当顶为花蕊，方言谓之烧卖”。可见，元代的烧卖与今后的烧卖基本一样。至于“稍麦”的名称与“烧卖”不同，是由于读音不同所致。明代，也出现了一些烧卖的新品种，如北京名食“桃花烧卖”，上海嘉定烧卖（有人称为“纱帽”，因形似纱帽，故名。上海至今仍有人称“烧卖”为“纱帽”）。清代，全国南北各地出现许多烧卖的有名品种，如北京“都一处”的三鲜烧卖，“小有余芳”的蟹肉烧卖，山东的临清烧卖，扬州的文杏园烧卖，四川的金钩烧卖，云南的都督烧卖，贵州的夜郎烧卖，等等。

江苏的糯米烧卖、翡翠烧卖都是名品，还有鲜肉烧卖、牛肉烧卖、冬瓜烧卖、什锦烧卖、虾仁烧卖、蟹粉烧卖、车螯烧卖，等等。

（六）麻花

麻花，指采用矾碱、糖或盐等与面粉调制而成的炸制食品。用盐即为咸麻花；用糖即为糖麻花。麻花等炸制食品在清代有所发展，南、北方皆有，名品也很多，是一种大众化的食品。清代的麻花制作，有不发酵面团制作，也可用发酵面团制作。例如，天津的大麻花在清代已较有名。现在，天津的十八街麻花已成为名品，其他还有芝麻麻花、蛋黄麻花、冰糖麻花、小麻花、蜜麻花、脆麻花、凤尾麻花、燕子麻花、元宝麻花、绣球麻花等。

（七）粽子

粽子，系端午节的节日食品，古称“角黍”，是我国传统食品中迄今为止文化积淀最深厚的一种食品。关于粽子的记载，最早见于汉代许慎的《说文解字》。“角黍”之名源于春秋，因用菱白叶包黍米成牛角状而得名。东汉末年用草木灰水浸黍米，因水中含碱，用茭白叶做成四角形煮熟后称为广东碱水粽。到晋代被正式定为端午节食品。据传，粽子起源于祭屈原之说，在南北朝时已颇为流行。其后，随着时间的推移，屈原的爱国爱民精神，高尚廉洁的品格，对美好理想的执着追求，对后世影响越来越大。因而端午节食粽祭屈原之说就广为流传，历千百年而不衰。粽子的品种也随之越来越多。例如，比较著名的有桂圆粽、肉粽、莲蓉粽、板栗粽、水晶粽、火腿粽、咸蛋粽、豆沙粽、松仁粽等。

（八）粥

粥是人们喜爱的主食之一。早在《周书》中就有“皇帝始烹谷为粥”的记载，表明中国人食粥的历史十分久远。

粥，俗称稀饭。烧粥的原料很多，麦、米、粟、粱、黍等都可用来煮粥。所以，古代粥的花样很多。现在，人们一般用粳米、粟米、糯米来熬粥。一般有两种类型：一是单用米煮的粥；一是用中药和米煮成的粥。加中药的粥称药粥。粥也有稠厚、稀薄之不同。在古代“稠者曰糜，淖者曰鬻”。现今粥的花样更多，南、北方人全都吃粥，尤其以广东的粥更为精致，品种也更多，如皮蛋粥、瘦肉粥、皮蛋瘦肉粥、鸡丝粥、南瓜粥、羊肉粥、牛肉粥、滑鸡粥、艇仔粥、祛湿粥、鱼片粥等八十多种。它成为人们喜欢的小吃。

食粥之益处很多，古人云：一省费，二津润，三味全，四利脑，五易消化。据此加以扩展，其意义和作用更广，即敬老、节约、救荒、疗疾、养生、美食。食粥可以养生是古人的又一宝贵经验。南宋著名诗人陆游曾作诗一首：“世人个个学长生，不悟长年在目前，我得宛丘平易法，只将食粥致神仙。”让世人对食粥的认识提高到养生的高度。

（九）团子

团子是指用糯米粉制成的食品品种之一。如：元宵和汤圆等。它们都是人们熟悉、喜爱的糯米食品品种。元宵是我国民俗节日正月十五元宵节的传统食品；汤团是大众点心而非节日食品。两者都是以糯米粉为皮，汤煮为主，亦有油炸。汤团大小形制不定，传统馅心如是甜馅多为“猪油芝麻、桂花豆沙、砂糖枣泥”等；如是咸馅有“菜肉、鲜肉”等。还有一种上海乔家栅的团子，是将团子煮熟后，在团子外面滚上一层粉，冷吃。

（十）馄饨

馄饨一词最早载入文献的是三国时期魏国张揖的《广雅》："馄饨，饼也。"馄饨系由秦汉时期的汤饼演变而来。到了南北朝，馄饨已经很普及了，有"天下通食"的说法。在我国不同地方对馄饨的叫法不同，如：抄手、云吞、水饺、曲曲、包面、清汤等。

第二节　中式面点的主要流派

我国的面点品种丰富，款式众多，时令节气明显，可塑性强。在悠久的历史进程中逐渐形成了两大类型：以米、米粉制品为主的南味和以面粉、杂粮制品为主的北味面点，并出现了一些较大的流派。被公认的有京式、苏式和广式三大流派。

一、京式面点

京式面点亦称京鲁点心，源于我国盛产小麦、杂粮的北方地区，泛指黄河中下游及其以北的地区所制作的面食、小吃和点心。由于北京在中国历史上的特殊地位，是长期各族人民杂处之地，为京式面点的成型奠定了基础。故以北京为代表，称为京式面点。

京式面点的主要原料是以面粉为主，杂粮居多。其主要特色是面团多变，馅心考究，吃口鲜香，柔软松。例如，被称为京式"四大名面"的抻面、刀削面、小刀面、拨鱼面，以柔韧筋斗、鲜咸香美著称。其中，山西刀削面，上下尖、两边薄、中层厚，用筷子一夹，不会断开两截，面条入口滑中带韧性，渗满浓香而不腻的汤底，令人吃了还想吃。又如天津的狗不理包子，其馅是加入骨头汤、放入葱花、香油等搅拌均匀形成的，吃时口味醇香，鲜嫩适口肥而不腻。

京式面点的代表品种有民间面食、小吃，也有宫廷点心。民间的有：北京的"都一处"烧卖、龙须面、炸酱面、小窝头；天津的狗不理包子；山东的蓬莱小面、盘丝糕、状元饺；河北的扛打馍、金丝杂面和一篓油水饺；河南的沈丘贡馍、博望锅盔；陕西的羊肉泡馍；辽宁的马家烧卖和萨其玛；内蒙古的奶炒米和哈达饼，等等。宫廷的点心有：清宫仿膳的豌豆黄、芸豆卷、小窝头、肉末烧饼等。

二、苏式面点

苏式面点简称苏点，泛指我国长江下游苏浙沪地区所制作的面食、小吃和点心。它源于扬州、苏州，在江苏、上海等地得以发展。因以江苏为代表，故称苏式面点。由于该地区地处长江三角洲，经济繁荣、交通发达、物产丰富，为富庶的鱼米之乡，因而饮食文化发达。尤其是在中国的烹饪文化中，四大菜系之一的苏菜源于此。这就大大推动了苏式面点技艺的发展和提高。

苏式面点是以米面与杂粮为原料，其主要特点是擅长制作各种糕团、面食、豆品、茶点、船点等，品种繁多，应时迭出，造型讲究，制作精细；馅心多样，味道鲜美，富于生活情趣。例如，淮扬汤包，馅心中掺冻，熟制后包子汤多而肥厚。食时要先咬破皮吸汤，味道极为鲜美。

苏式面点的品种繁多，其代表品种有淮扬汤包、蟹粉小笼、蟹壳黄、翡翠烧卖、宁波汤团、黄桥烧饼、青团、麻团、双酿团、松糕等。此外，上海的排骨年糕、嘉兴的五芳斋粽子、太湖船点等都是全国名点，值得一尝。例如，无锡太湖船点是在无锡太湖游船画舫上，供游人在船上游玩赏景、品尝茗茶时所吃的点心。苏式面点成形主要采用捏的方法、造型别致，有各种花草、飞禽、动物、蔬菜、水果等形态各异，栩栩如生，被誉为中国面点中的艺术精品。

三、广式面点

广式面点亦称广派面点，泛指我国珠江流域及南部沿海地区制作的面点、小吃和点心。因以广东为代表，故称广式面点。它包括广西、海南、港澳、福建、台湾等地的民间食品，可分为“潮式”面点和“闽式”面点。由于该地区自然环境优越、资源丰富，使其有充裕的食品原料，因而可以制作众多的面点制品。又因其善于结合自身特点，汲取外来精华，加之当地人们接受外来思想较快，富于创新精神。鸦片战争后受西方饮食文化的影响较早，有机会接受西点制作技术的精华，因而丰富了广式面点的制作内容，产生了许多新的品种。如广式面点中的甘露酥、松酥皮类点心就是汲取了西点中混酥类点心的制作技术而形成的。广式面点中的鲜奶挞皮、岭南酥皮就是汲取了中原食品的影响而形成的。

广式面点最早以岭南地区民间食品为主，多以大米为主料，后随着我国南北各地的交流增多，使民间的面粉制品不断增加，出现了多种酥饼类面点。广式面点的主要特色是品种丰富多样，形态多姿多彩，伴随季节而变化；受西点制作影响，使用油、糖、蛋辅料增多，馅心用料广泛，口味清淡鲜美，营养价值高。据统计，目前广式点心的品种多达2000多种，各种馅心品种约有47种。如，春季的鲜虾饺、鸡丝春卷；夏季的荷叶饭、马蹄糕；秋季的萝卜糕、蟹黄灌汤饺；冬季的腊肠糯米鸡、八宝甜糯米饭。在用糖方面，广式月饼的用糖量、糖浆量均比京式、苏式月饼的用量大，因而广式月饼易回软，耐储存。

广式点心的代表品种很多，尤其是广州的茶点与宴席点心更负盛名。例如，广东的叉烧包、虾饺、马蹄糕；广西的马肉米粉；海南的竹筒饭、芋角和云吞；台湾的棺材饭、椰丝糯米团；港澳的马拉糕、水饺面和椰蓉饼，等等。在广式面点中，广州的面点最具代表性，故广州的早茶、午茶闻名海内外。

第三节　中国特色风味小吃中的面点

中式面点有着很强的外延性，除上述三大主要流派为代表的面点以外，我国各地还有许多特色风味小吃，都具有当地的地方文化韵味，受到海内外游客的欢迎。

小吃亦叫小食、零吃，原多为小贩制作，以当地的土特产为原料生产的食品，地方风味浓郁，在街头销售，很为方便，来往民众喜于品尝。旧时，在一些大中城市中，往往会出现一些小吃集中的民俗文化集散地，如北京的西四大栅栏、天桥和王府井一带；天津的南市食品街；上海的豫园；苏州的玄妙观；南京的夫子庙、无锡的崇安寺等都是多年形成的著名的小吃街。在这些小吃街上，大部分是面点，少量的是菜肴。它们有明显的市民美食文化特色，极具魅力，成为重要饮食旅游资源。在这些小吃街，游人纷至沓来，品尝各种美味小吃，体验当地的饮食风俗和民俗风情。现在各地纷纷建立了小吃广场、美食街。不仅有当地的特色风味小吃，还有海内外各地的小吃，使其更具吸引力。

一、华北小吃

华北地区盛产小麦，因而华北小吃以面食为主，素以品种多、制作精而著称。面条、饺子、烧卖、包子、炸制食品（炸糕、麻花）等样样都有。饺子是面食中的“泰斗”，馅心千变万化。烧卖是面食一绝，面条更是千姿百态，是我国传统的面食品。在华北小吃中，北京的小吃花样最多，有炒疙瘩、卤煮火烧、豆汁、羊杂汤、豆腐脑、拨鱼凉粉等。北京的“仿膳斋”的风味点心更是清香爽口、细腻甜润，如有豌豆黄、芸豆卷、千层糕、佛手卷、小窝头、肉末烧卖等。

二、东北小吃

东北三省的小吃也是独具风味的地方美食。由于其地理环境独特，有白山黑水的地利加之吸取了华北、山东小吃的优点，兼收华北、山东小吃之品，使其也更具特色。例如，最著名的“老边饺子”有几十种，还有蒸饺多种，如有三鲜蒸饺、鱼翅蒸饺、银耳蒸饺、猴头蒸饺、什锦素菜蒸饺等等；还有李连贵熏肉大饺、大连海鲜面汤、韭菜盒子等也是东北著名的风味小吃。

三、西北小吃

陕甘宁地区位处黄土高原，由于它们处在古丝绸之路上，也成为秦陇小吃的发祥地。秦陇小吃以面食为多，带有黄土高原的独特风味，光面条就有二十多种，尤其以臊子面最为著名。面条均匀细长，筋韧爽口，臊子鲜香，汤味酸辣。另外，还有乾州鸡面、三原疙瘩面、汉中梆梆面、韩城大刀面、油泼著头面等。

（一）陕西小吃

以西安为代表，西安牛羊肉泡馍驰名中外。西安城里还有不少炸制面食，以萝卜饼、泡油糕、柿子饼、茶酥、菊花酥、糖彻子等较有名，还有春发生葫芦头、王记粉汤羊肉、蜂蜜凉粽子、张口酥饺、腊驴肉等也是有名的小吃。

（二）甘肃小吃

甘肃小吃以羊肉饴烙、烧鸡粉著名，这两种小吃夏季可凉食，清爽可口；冬季可以热食，鲜香醇厚。

（三）宁夏小吃

以银川为代表，如手抓羊肉、杠子、炒楸面、粉汤饺子、烩羊杂、烩小吃等，经济实惠，老少皆宜。其中尤以银川的白水羊肉、羊肉夹馍、胡忠的炒胡饽等最为著名。

四、中南小吃

中南地区是指河南、湖北、湖南、广东、广西、海南等省区，地跨黄河、淮河、长江、珠江等四大水系。米、面原料充足，小吃灿若繁星，风味别致，独具一格。

（一）河南小吃

河南是华夏文明发祥地之一，几千年的中华文明，使其饮食文化内涵极其丰富。风味小吃在古代已负盛名，如汉南的双麻饼，道口烧鸡，平顶山蝴蝶猪头，周口的泥鳅钻豆腐、活虾钻豆腐，豫南的猪皮桂花丝等。其中开封的牛羊肉烩馍、鲤鱼焙面等最为著名。

（二）湖北小吃

湖北控扼长江南北，其小吃种类多样，兼有南北风味。例如，有汉阳帮帮鸡，江陵五香豆豉，藕汤和散烩八宝饭，孝感炸藕夹，黄州豆腐圆子，东坡饼，炸烧卖，汉川月饼，红安糯米绿豆杷，黄梅豆皮春卷等。在湖北全省的小吃中，尤以武汉为多，例如，武汉的炒米粉、凉拌米粉、麻酱面、炒面等，其中有一种“蔡林记”热干面最著名。

（三）湖南小吃

湖南位于我国中南地区，气候温和，降水充沛，有八百里洞庭等资源丰富，为发展特色风味小吃提供了优越的条件。湖南的饮食文化起源较早。据考古发现，早在八千多年前湖南人已经食用稻米了，而湖南谷物中以稻为主，且豆、粱、黍、稷、麦皆有，因此，湖南的面点小吃历史也很悠久。由于湖南盛产湘莲，用莲子制作的风味小吃很多，如冰糖湘莲、莲子粥、银耳莲子羹、香蕉莲子粥等。另外，湖南的猪油白糖霉干菜包子、猪肉鸡蛋卷等也很有特色。在湖南的小吃中，长沙可作为代表，长沙以“杨裕兴”的面、玉楼东酒家的汤泡猪肚和德园包子最有名。

（四）广西小吃

广西位处于中国南部，山珍海味多。在面点中，米线是一种重要品种。它是用米粉制成的独具风味的传统食品，已有几百年的历史了。而广西桂林的米粉小吃源远流长，品种繁多，享誉海内外。桂林米粉包括卤米粉、火锅生菜粉和马肉粉三大类。其中，以过桥米粉和卤米粉最出名。

（五）广东小吃

地处亚热带地区的广州是一座具有 2800 多年历史的古城，是广东省政治、经济、文化和交通的中心，也是华南最大的城市。早在唐宋时代，广州就已是世界大型海港城市之一。同时，阿拉伯、大秦（罗马）等国前来中国通商的人不少，随之也传来了外国的饮食习惯，广州的饮食也由此而蜚声海外。俗话说：“生在杭州，死在柳州，穿在苏州，食在广州。”“食在广州”不仅是对广州的赞誉，同时更是对以广州为主体的广州食风区的赞美。“食在广州”概括了广州食文化的最主要特色。

广东小吃的烹制方法多为蒸、煎、煮、炸 4 种，可分为 6 类：油品，即油炸小吃，以米、面和杂粮为原料，风味各异；糕品，以米、面为主，杂粮次之，都是蒸炊至熟，可分为发酵和不发酵的两大类；粉、面食品，以米、面为原料，大都是煮熟而成；粥品，名目繁多，其名大都以用料而定，也有以粥的风味特色命名；甜品，指各种甜味小吃品种（不包括面点、糕团在内），用料除蛋、奶以外，多为植物的根、茎、梗、花、果、仁等；杂食，凡不属上述各类者皆是，因其用料很杂而得名，以价格低廉、风味多样而著称（例如，煮制品：肇庆裹蒸粽、云吞与云吞面、艇仔粥、潮汕汤圆、鱼粥、馥园坠火粥、及第粥、杏仁奶露、腊味鱼包、潮汕鱼丸与潮汕鱼饺等；素制品：透明马蹄糕、清香荷叶饭、猪油糯米鸡、薄皮鲜虾饺等），其中以潮州月饼名气最大。另外，潮州的腐乳饼、老婆饼、宝斗饼也很有名。

五、西南小吃

我国西南地区是高原山地和丘陵地带，气候暖湿，物产丰富，且少数民族众多。故除了面点之外，少数民族的面点也颇具特色。例如，云南的白族面点，傣族面点，彝族面点等。

四川素有“天府之国”的美称。自古以来，四川的饮食文化发达，从唐代开始，面点就已出名。从大类上看，饼、馒头、面条、饺子、饭、烧卖、麻花、粽子、粥等均有。而每一类中又派生出若干品种。如，包子类就有大肉包子、火腿包子、灌肠包子、水晶包子、细沙包子、羊肉包子、素包子、冬瓜包子等十多种。以面条而言，有碱水面、炉桥面、攒丝面、炸酱面、白提面、素面、卤面、牛肉面、担担面等十多种。现今，四川的小吃风味独特，制作精致，更具吸引力。例如，成都的担担面、赖汤圆、韭菜盒子、粉蒸牛肉夹锅盔等都成为深受人们喜爱的风味小吃。

云南小吃以过桥米线最为有名，是已有100多年历史的独具风味的食品。该小吃由三部分组成：一是热汤；二是切成片类的副食品；三是用粮食米粉制成的米线。过桥米线是集各种鲜味肉类及蔬菜于一碗，味美清醇，各种生片香鲜甜嫩，滑润爽口；各种绿菜漂于汤碗内，红、绿、黄白相间，色泽美观，诱人食欲。另外，昆明的锅贴乌鱼口味独特，营养丰富；用白米蒸成的饵块，或炒、或烧，再配以味道丰富的佐料，是著名的早点小吃。

六、华东小吃

华东地区，包括山东、江苏、安徽、浙江、上海、福建、江西等省市，位于黄河下游、长江下游等我国东部地区，物产丰富，鱼米之乡，也是中国小吃最丰富的地区之一。

（一）山东小吃

山东面点早在汉魏六朝时已经有名，经过1000多年的发展，到清代已经成为中国面点的一个重要流派。山东面点的特点是：用料广，品种多，制法精。其用料以面粉为主，兼及米粉、山药粉、山芋粉、小米粉、豆粉等，再加上荤素配料、调料，品种多达上百种。如龙须面、烟台福山面，发糕、枣糕、蜂糖糕、千层糕、盘丝饼等味美糕点。还有像聊城的炸四股、八批果子、济南的炸糖皮、掖县的炸鱼面、炸春卷、炸彻子、炸麻花，还有状元饺子也都很出名。

（二）江苏小吃

江苏乃鱼米之乡，面点品种极多。扬州面点和苏州面点，是江苏面点内的两大次生流派。扬州的饮食文化自古就比较发达，唐代时就已有许多著名面点，如胡饼、蒸饼、薄饼、捻头、聚香团等。到清代，如素面、裙带面、千层馒头、小馒头、小馄饨、运司糕、洪府粽子、酥儿烧饼、灌肠包、烧卖、松毛包子、淮饺、三鲜面等。苏州为江南历史文化名城，其傍太湖、长江，临东海，气候温和，物产丰富，饮食文化自古就较发达。

在苏州的面点中，又以糕团、面条、饼类食品制作更为出众。例如，苏州的糕团用料广泛、注重色彩，糕中还加糖屑、加有脂油丁，讲究的还要加桂花糖卤、玫瑰糖卤、蔷薇糖卤，使糕点的甜味中带着花的芬芳清香，给人以美感和食欲；苏州的糕团还有一个特点，即时令性特别强。如正月十五吃元宵，二月二吃撑腰糕，三月吃青团，四月吃乌米糕，五月吃神仙糕，六月吃谢灶糕，七月吃亚豆糕，八月吃粢团，九月吃重阳糕，十月吃萝卜团，十一月吃冬至团，十二月吃年糕等。苏州面点中有一个特殊品种，即“船点”，指旅游船上供应的食品。唐宋之时，苏州有乘船游宴的历史，到了清初更盛。今日无锡的太湖船点就是船宴的发展。无锡太湖船点以混合米粉作坯皮和麦汁、菜汁、鲜瓜果汁等染色，内包甜、咸馅心。其形状有南瓜、番茄、葫芦、茄子、核桃、小鸭、金鱼、白兔等多种。工艺精湛，色调自然，犹如泥人瓷塑，惟妙惟肖。现今，苏州糕团、扬州茶食名扬天下。

（三）上海小吃

上海小吃荟萃八方珍品，更是琳琅满目，无所不有。上海地区的文明起源较早，可以追溯到先秦。但上海形成繁华的商业城市，主要是在明清之时。尤其在清末，已成为“江海之通津，东南之都会”因而饮食业发展很快，且小吃也已有名气。明代的被称为“纱帽”的烧卖，清代的糕、饼、包子、馒头、面条等均出现过不少名品。如：薛糕、松糕，上海老城的汤团、各种浇头面、多种馅心的饼。上海开埠以后，随着西点的引进，更加促进了上海面点小吃的发展。上海的城隍庙在清末已成为我国著名的小吃群之一。如今，上海的排骨年糕、南翔小笼已成为闻名全国的风味小吃。还有小绍兴鸡粥、鸡鸭血汤、鸽蛋圆子、开洋葱油拌面、蟹壳黄、猪油菜饭、宁波汤团、酒酿圆子、松江馄饨等也很有名。

（四）浙江小吃

浙江小吃以杭州小吃最为丰富。就风味而言，杭州风味有甜有咸，但甜品与苏州相比，似乎淡些；咸品与扬州相比，又略咸一些。现今杭州的小吃更加有名，如：牛肉粉丝汤、“猫耳朵面”“西施舌”最负盛名。另外，湖州丁莲芳千层包、宁波汤团、八宝饭，嘉兴的粽子、藕粉饺、虾米套饼、三鲜面，金华的火腿粽、火腿月饼、火腿盖浇面，绍兴的多种米糕（香糕、松花糕团），温州的汤圆、葱油熏酥烧饼、灯盏糕、米塑等也都是名品。

（五）福建小吃

福建地处我国东南沿海，气候暖湿，东临大海，内陆多山林。盛产海味、山珍、水果、水稻、蔬菜等，为福建小吃食品的发展创造了优越的条件。福建的饮食文化历史也很悠久，富有浓郁的地方特色。现今的福建小吃中，最普遍的是壕煎、鱼丸汤、虾面、肉粽子、五香卷、炒米粉。另外，厦门的炒米线、八宝芋泥、甜粽，漳州的手抓面，泉州的冰糖建莲汤、泉茂肉饼、绿豆饼、上元丸等也是相当有名的。

第四节　中式面点的产生和发展

中式面点在我国饮食文化中历史悠久，是我国饮食文化历史中的宝贵财富之一。中式面点制作工艺起源于西周时期，历经春秋、战国、秦汉，以及东汉初期，佛教文化传入，素食点心亦随之发展。到了隋唐，宋元时期，中式面点制作技术随着生产力的发展，面团制作种类增多，馅心多样化，都使面点制作工艺技术得到了较专业和较全面的发展。直到明清时期，尤其是鸦片战争后，西方烹饪文化、西式糕点制作方法的传入，使面点制作技术得到更全面的发展。面团调制、馅心配搭多元化、加温成形方法等多种并用，各种风味流派点心基本形成。

1949 年后，随着时代的转变、发展，糕点行业已由完全的手工生产转变成向半机械化、半自动化方向发展，特别是改革开放后，食品工业的迅速发展，为糕点制作行业带来了更大的发展空间。各种新型材料的介入，各种新工艺制作技术的产生，使各地的糕点文化得到了更广泛的交流，南式点心北传，北方点心南传，促进了中西风味、南北风味的结合，出现了许多胜似工艺品的精细点心。

中式面点的产生发展划分为以下几个时期：

一、萌芽时期（原始社会后期）

原始社会是中国饮食文化的孕育期，也是中式面点的萌芽时期。在原始社会早期，原始人“茹毛饮血”，既谈不上烹饪，也更无面点可言；燧人氏发明人工取火后，我们的祖先学会烧烤之法，把肉类用泥巴裹起来加以烧烤取用，比“茹毛饮血”是一大进步。火不仅能够熟食，而且能“以化腥臊”，消除兽类动物的异味，使食物的味道佳美起来。

据目前已知史料，商代以前尚未发现有准确意义上的面点。即使已有谷物，但主要是用石磨盘脱壳后粒食，或是用臼舂捣，脱壳后粒食。其烹饪方法大多是烤、煮、蒸。又据考古发掘，河南洛阳曾出土一件 6000 年前的陶鏊，当时用来烙饼的。这表明我国在新石器时代可能也有面点了。而在山东的大汶口文化、龙山文化遗址中出土的钵形鼎、盆形鼎，有学者认为是烙饼用的。因而，把中国面点的萌芽时期定在 6000 年前左右的原始社会是可以的。

二、初步形成时期（先秦时期）

（一）谷物的生产与发展

面点的出现离不开谷物。早在原始社会末期（六千年前），我们的祖先就学会种植粟等谷物。在仰韶文化的半坡遗址中发现过粟；在河姆渡遗址中发现过水稻种子；在上海的松泽文化遗址中也发现过水稻种子。这都可证明我国是世界上最早种植谷物和水稻的国家，也是世界上农业发达最早的国家之一。当人们已学会用火在薄石板上烧烤食野生植物籽实的时候，可视作面点的开端。

商周时期，我国的粮食作物生产已有较大发展，品种也已增多。列入五谷的粮食作物已有麦、禾、菽、黍、稻了。其中的麦、稻在谷物中占有重要地位，也是制作面点的重要原料。当时，麦子在我国黄河流域、淮河流域种植增多；稻的种植不仅在南方，在北方也有了水稻的种植。在殷墟出土的甲骨文中也发现有“稻”“粳（粳）”等字。《诗经》中也有关于水稻生产的描述。其中，禾即粟；菽即豆类；麻即芝麻。可见，先秦时期谷物的生产与发展为面点的出现提供了原料。

（二）谷物加工工具的产生和发展

可以把谷物加工成粉末状，是面点制作的重要条件。谷物加工工具有石磨盘到杵、睡，再到旋转石磨，也经历了漫长的发展过程。考古证明，在战国时代已有了旋转石磨。人们可用此工具磨面，造出了面粉，制作面点也就不成问题了。

（三）面点调料的产生

美味的面点不仅要有原料，还需要有调料才行。在先秦时期，随着生产的发展，调味品也增多了。例如，当时已有盐、饴、蜜、蔗浆、酱、姜、葱、果的酸汁，等等。可以说，甘、酸、苦、咸、辛等五味的调料皆已具备。

油也是面点制作所不可缺少的原料。在先秦时期，没有植物油，只有动物油。常用的动物油有“犬膏”“猪膏”“羊脂”“牛脂”等。

（四）陶器的发明

先秦时期面点的产生、发展与陶器的发明也是分不开的。陶器的发明是饮食史上的一大变革。它不仅可用来放食物，更重要的是可用来蒸煮食物，使烹饪方法多样、食品品种增加。在我国，陶器产生于新石器时代，到商周又有所发展，出现了耐用的陶器。到了周代，陶器更有所发展，且出现了瓷器。这些陶器大部分是作煮、炖食物的炊具来用的。在殷周时期，除陶器进一步发展外，青铜器也迅速发展。在古代青铜器中，出现了为煎炒之用的青铜炊具。

在先秦时期，由于上述条件的具备，致使面点产生得以实现。虽然品种不多，但作为早期的面点还是很有意义的。这些面点有馍、饵、蜜饵、餐、酿食、饼等。从出土文物来看，殷商时期人们已能用米粉制作食品。据目前的史料，西周到战国早期已有面点近 20 种。专家们在考古中发现了若干古代的面点，如 3000 多年前的小米饼、2500 年前的饺子、4000 年前的小米面条（证明中国是世界上食用面条最早的国家），意义十分重大。

三、蓬勃发展时期（汉魏至唐宋时期）

从汉魏开始，面点品种增多，技法迅速发展。并出现面点著作，如北魏的《齐民要术》一书就列有多种面点原料，谷物品种达一百多种。面点的制作工具也较前有较大的进步，如磨、罗、蒸笼、烤炉、铛、甑，及一些模子等成形工具。主要的面点品种增加，约有十余种，如多种饼、糕饵、柜枚等。后又有新品种不断涌现，如馒头、馄饨、水引、春饼、煎饼等约 25 种之多。

到了唐代，面点业又进一步发展，主要表现为：磨面业的产生，可提供充分的原料；商业的发展促使面点店的出现；饺子、包子、油韵的出现有重要意义；糕、饼、馄饨等旧有品种均出现许多新品种，如花色面点的出现，表现了面点制作技艺的进步；食疗面点涌现是中国传统医学与饮食结合的范例，是一种创造，有深远影响；中外面点开始相互交流（如中国食品东传至日本、胡萝卜西来传入中国），也是世界饮食史上的重要事件。由此，由于面点制作工具的进步，“胡饼”工艺的引进，面点工艺发展发生蜕变，形成了中国面点发展史上的第一个高潮。

到了宋代，面点又有新的发展，如品种增加和制作技术进步；一些重要的面点品种，如面条、馄饨、馒头、包子、糕、团等均已成为普遍食肆食品，并演化出许多名品；制作技术大发展，如水调面团、发酵面团、油酥面团等均常见使用；浇头和馅心多样化，荤素原料都可采用；成形方法多样，成熟方法也有多种；已出现了面点流派，如北方、南方、四川等等。

四、高潮时期（元明清）

元明清时期是我国面点的高潮时期，尤其是明清。元代虽有发展，但仍较迟缓。但它有一些新特点，如少数民族面点发展较快。在蒙古族、女真等民族的面点中出现不少名品，尤其是有秃秃麻食、八耳塔、高丽栗糕等一批少数民族面点的佳品。汉族和少数民族间的面点交流在扩大，出现不少新品种，如在蒙古宫廷中出现春盘面。煎饼、馒头、糕等面点中也出现了少数民族的品种，如面条中的红丝面，馄饨中的鸡头粉馄饨，馒头中的剪刀馒头、鹿奶脂馒头，烧饼中的牛奶烧饼，糕中的高丽栗糕等。江南面点制作精细，在风味上表现出吴地特色。

明代的面点发展并不快，但面点中却出现不少新品种，如云南的酥饼油线，既用油酥面，又做得细若丝发。明代也出现不少花色面点，如一捻酥、香花、芝麻叶、巧花儿等。这些面点形似多种花、叶，或像手指、菱白状，构思较巧妙，工艺上有进步。春节吃年糕、饺子，中秋吃月饼已形成全国风俗。

清代是中国面点发展的高峰阶段。这一阶段的面点有如下特点：

一是中国面点的主要类别至此已经形成，而每一类面点中又派生出许多具体品种，名品众多，数以千计。例如：面条类中有味面条以及多种浇头面、炒面、冷面、抻面、刀削面、河漏等等。

二是中国面点制作技艺更加成熟。原料选用，面团加工，馅心制作，面点成形，面点加热成熟均已积累了成套的经验。

三是中国面点的三大风味流派已经形成，并且与中国风俗的结合更加紧密，许多面点与岁时节日、人生礼仪结合，体现了深厚的文化内涵。

四是中外面点交流进一步发展，中国的一些面点传至日本、朝鲜及东南亚、欧美等地，西方的面包、布丁、蛋糕、西点亦传入中国。通过这种交流也推动了全球面点制作技艺的提高。

五是出现面点作坊和面食店。如长安的长兴坊、辅兴坊卖胡饼，胜业坊卖蒸糕。五代时，南京推出“健康士妙”、春饼能照见字影，馄饨汤可以磨墨；宋代的汴京和临安都有专业饼店数十家。

五、繁荣创新时期（20 世纪至今）

1949 年后，随着时代的转变、发展，糕点行业已由完全的手作生产转变成半机械化，半自动化方向发展，特别是改革开放后，食品工业的迅速发展，为糕点行业制作带来了更大的发展空间。各种新型材料的介入，各种新工艺制作技术，使各地的糕点文化得到了更广泛的交流，南式点心北传，北方点心南传，促进了中西风味，南北风味的结合，出现了许多胜似工艺品的精细点心。

同时，中国的面点小吃也随着我国出境旅游的发展，海外中餐馆的日益增多，进入海外市场，影响日益增大。预计中国的面点小吃会随着中国经济实力的增强越来越多地走向国外。随着我国的入境旅游的迅速发展，海外旅游者大量地来中国游览，中国的美食、面点小吃也将发挥越来越大的吸引力。

中国烹饪是“以味为核心，以养为目的”为准则，中式面点制作工艺应坚持这一方向准则。以快速、科学、营养、卫生、经济、实用等作为当今时代对面点制作的发展要求，努力使面点工艺科学化、适量化、程序化、规范化。

第二章　中式面点制作的基本知识

中式面点的制作离不开制作的基本原料、基本制作方法（包括面团的制作、馅料的配置和面点的成形技法及面点的制熟技艺）和所使用的设备和工具。为此本章简要介绍一下上述内容，以使学员对中式面点的制作有一个概要的了解，为以后的具体制作奠定基础。

第一节　中式面点制作的基本原料

中式面点的基本原料主要由三部分组成：面团原料、馅心、辅助原料。面团原料一般选用小麦制成的面粉、稻米制成的米粉和杂粮等；馅心原料分为咸馅原料、甜馅原料和复合原料；辅助原料是指：水、油脂、发酵、膨松辅料以及辅助料。

一、制作面团原料

（一）面粉

1．小麦粉的分类和等级标准

我国小麦粉主要分为：等级小麦粉即通用小麦粉、高低筋小麦粉和专用小麦粉等三大类。

等级小麦粉即通用小麦粉（GB1355—86）质量标准有 8 项指标。主要分为加工精度指标和贮藏性能指标。其中的灰粉和粉色、粗细指标主要反映面粉中的鼓皮的含量，以反映小麦清理的效率；水分、脂肪酸值以及气味、口味则反映面粉是否有利于贮藏。

加工精度指标依据小麦粉的灰分含量分为：特制一等、特制二等、标准粉和普通粉。

高低筋小麦粉（高筋 GB8607—88，低筋 GB8608—88）质量标准。高筋面粉由硬质小麦加工而成。其加工精度与灰分含量等同对应通用小麦粉特制一等、特制二等。

低筋粉由软质小麦粉加工而成。指标等级对应通用小麦粉特制一等、特制二等。

专用小麦粉质量标准，主要根据加工面食种类分类。具体分为：面包（SB/T10136—93）、面条（SB/T10137—93）、馒头（SB/T10140—93）、饺子（SB/T10138—93）、酥性饼干（SB/T10141—93）、发酵饼干（SB/T10140—93）、蛋糕（SB/T10142—93），酥性糕点（SB/T10143—93）和自发粉（SB/T10144—93）等 9 类。以面粉中的灰分含量、湿面筋含量、面筋筋力稳定时间及降落值指标不同分为两个等级。其中灰分指标要求达到特一级粉以上，品质指标要比等级小麦粉要求严格。

2．面粉的化学组成及性质

水分：水分以游离的形式在面粉的组织间隙中，具有流动性；可作为溶媒；会因为加热而蒸发流失；有利于微生物生长繁殖；会结冰。

蛋白质：面粉中含有麦谷蛋白 49%，麦胶蛋白 39%，麦清蛋白 8%，麦球蛋白 4%。

碳水化合物：面粉中的碳水化合物主要是淀粉、可溶性糖和纤维素。

脂肪：一般含量为 1%～2%（所以新粉一般须经过后熟处理后才能使用）。

维生素：面粉中含有的维生素有 B_1、B_2、B_5 维生素 E 的含量较多。

矿物质：面粉中含有的矿物质是钙、钠、钾、镁、铁等。这些矿物质大多以硅酸盐和磷酸盐的形式存在。

酶：主要是淀粉酶与蛋白酶。

3．面粉的品质鉴定

面粉的品质鉴定主要从含水量、颜色、新鲜度和所含面筋的数量、质量等几个方面进行。

面粉的含水量：国家标准规定，生产的面粉含水量应为 13%～14.5%。鉴定时，手握少量面粉握紧后松手，面粉立即自然松开，说明含水量基本正常；如成团、块状，说明含水量超标。

面粉的色泽：加工精度越高，颜色越白；储存时间过长或储存条件较潮湿，则颜色加深，说明质量降低。

面粉的新鲜度：新鲜面粉用嗅觉的方法检验，嗅之有正常的清香气味；用味觉的方法检验，咀嚼时略有甜味。陈旧面粉有霉味、酸味。变质面粉发霉、结块的不能食用。

面筋的含量和质量：面筋含量是影响面点成品的重要因素。面粉中的面筋含量可用物理方法测定；面筋的质量可测定其弹性、延伸性、比延性（韧性）和流变性。

（二）米粉

米粉视稻谷的结构而定。稻谷，俗称大米，按米粒内所含淀粉的性质分为粳米、籼米和糯米。将其磨成粉，则为粳米粉、籼米粉和糯米粉。米粉的加工方法一般有三种：水磨法、湿磨法和干磨法。水磨粉的特点是粉质细腻，制成的食品软糯滑润，易成熟，但因其含水分较多，很难保存，尤其是夏季易变质；湿磨粉，含水量较多，不易保存；干磨粉相对而言含水量较少，易于保存、运输，但相对而言成品口感较差。

一般粳米粉用于制作年糕、黄松糕等；籼米粉一般用于制作干性糕点，如米线、水晶糕等，其特点比较硬；糯米粉黏性较大，是制作粽子、八宝饭、元宵等各式甜点的主要原料。粳米粉、籼米粉和糯米粉的黏性比较：

糯米粉>粳米粉>籼米粉

我国的优质稻米主要有：小站稻米、马坝油占米、桃花米、香粳稻、万年贡米、东北大米、宁夏珍珠米、福建河龙贡米等。其中香粳稻含有丰富的蛋白质、铁、钙；万年贡米含有丰富的蛋白质、B 族维生素和微量元素；东北嫩江湾大米含有多种氨基酸及微量元素，对人体的健康非常有益。

（三）杂粮

杂粮主要有玉米、高粱、小米、黑米、荞麦、薏米、薯类、豆类等。

1．玉米

玉米的胚特别大，既可磨粉又可制米，没有等级之分只有粗细之别。其粉可作粥、窝头、发糕、菜团、饺子等面点。

玉米粉含有蛋白质、糖分和脂肪，营养丰富。但其韧性差、松而发硬，既可单独制成面点，也可掺和些面粉制成各类发酵面点。

2．高粱

高粱是我国主要的杂粮之一，可分为有黏性和无黏性两种。用高粱米磨粉可做成糕团、饼等面点。高粱米加工精度高，可消除皮层中所含的一种特殊成——单宁的不良影响，提高蛋白质的消化吸收率。

3．小米

小米又称黄米、秫米，也是制作面点的一种原料。小米分为糯性和粳性两类。通常红色、灰色者为糯小米；白色、黄色、橘色者为粳性小米。小米磨成粉可制成饼、蒸糕，也可与其他粮食混合食用。

4．黑米

黑米属稻类中的一种特质米，又称紫米、墨米、血糯等。黑米呈红色，性糯味香腴，含有谷吡色素等营养成分，并有补血之功效。江苏血糯，颗粒整齐，黏性适中，主要用于制作酒席宴席上的甜点。

5．荞麦

荞麦，古称乌麦、花荞。荞麦颗粒呈三角形，以籽粒供食用。荞麦的品种很多，主要有甜荞、苦荞、翅荞和米荞等四种。荞麦中所含的蛋白质和淀粉易被人体消化吸收。荞麦的用途广泛，籽粒磨粉可做面条、面片、饼和糕点。

6．莜麦

莜麦又称燕麦，是燕麦的一种。他是我国的主要杂粮之一。莜麦有一定的可塑性，但无筋性和延续性。莜麦面可做莜面卷、莜面猫耳朵、莜面鱼等。

7．薏米

薏米又叫药玉米。其耐高温，喜生长于向阳、背风和雾气较长的地区。我国湖北、湖南的产量较高。成熟后的薏米呈黑色、果皮坚硬，有光泽，颗粒沉重，果形呈三角形状，出米率高（约 40%）。薏米磨成粉，可制成面点。

8．薯类

薯类常用的有马铃薯、山药、芋头和甘薯等。

马铃薯亦称土豆、洋山芋。其性质软绵、细腻，去皮煮熟捣成泥后，可单独制成煎炸类点心，也可与米粉、熟澄粉掺和，制成薯蓉饼、薯蓉卷及各种象形水果等。

山药又称地栗。其质地超脆，呈透明状，口感软滑而有黏性；可制成山药糕和芝麻糕，也可煮熟去皮捣成泥后与淀粉、面粉、米粉等掺和后，制成各式点心。

红薯又称地瓜、番薯、山芋、白薯、红苕、甘薯等。其含有大量淀粉，质地软糯、味道香甜，蒸熟后去皮与澄粉、米粉搓擦成面胚，包馅后可煎、炸，制成各种点心和小吃。

9．豆类

在面点中常用的豆类有赤豆、绿豆和黄豆。另外还有豌豆、芸豆等煮熟捣泥也可做成各类点心。如豌豆黄、芸豆卷等。

赤豆又名红小豆，粒大皮薄，红紫有光，豆脐上有白纹者品质最佳。其性质糯软，沙性大，可做红豆凉糕。磨成粉可做点心的馅心。

绿豆以色浓绿、富有光泽、粒大整齐的品质最好。绿豆磨成粉，可制成绿豆糕、绿豆面、绿豆煎饼等面点，也可用绿豆粉做点心的馅心。

黄豆又名大豆，含蛋白质、脂肪丰富，有很高的营养价值。黄豆磨成粉与玉米面掺和可制成团子、小窝头、驴打滚及各色糕点，其制品疏松、柔软、可口。

二、面点馅心原料

面点馅心是指用以制作馅心，以达到调节点心口味的原料，一般分为咸味馅原料、甜味馅原料和复合味馅原料。

（一）甜味馅原料

甜味馅原料主要选用果仁、干果、新鲜水果、蜜饯、豆类等原料。

1．果仁类

果仁有好多种，常用的主要有瓜子仁（黑瓜子仁、白瓜子仁、葵花籽仁）、橄榄仁、松子仁、芝麻、核桃仁、杏仁、花生仁等。其中瓜子仁是制作五仁馅、白果馅的原料之一，也可作为八宝饭、蛋糕等点心的配料。松仁、橄榄仁、芝麻、核桃仁、杏仁、花生仁等也都是五仁馅的原料。

2．干果类

干果也多种，如白果、腰果、核桃、榛子、板栗等。其中腰果、核桃、榛子均为世界四大干果王之一。它们都可作为糕点的馅心，也可作点缀之用。

3．水果花草类

水果花草类主要由新鲜的水果、蜜饯、果脯、鲜花等。其中鲜水果原料主要有苹果、梨、山楂、樱桃、草莓、橘子、香蕉、桃、荔枝等。将其制酱，包于面坯内，也可在面坯表面做点缀，起增色调味的作用；鲜花类中尤以桂花、玫瑰花制作的桂花酱、糖玫瑰最为常见。

（二）咸味馅原料

咸味馅原料主要选用畜禽肉类、水产海味类和蔬菜等动植物原料。

1．畜禽肉类

畜禽肉类系指新鲜的动物性原料，如鸡、猪、牛、羊的肉和肉制品原料等。其中猪肉是中式面点中使用最广泛的制馅原料之一。肉制品原料一般有火腿、腊肠、小红肠、酱鸡、酱鸭、腊肉、肉松等。

2．水产海味类

水产海味类指：大虾、海参、干贝、鱼类等。大虾亦称对虾、明虾，肉质细嫩、味道鲜美。调馅时要去须、腿、皮壳、沙线。另外虾仁、海米也是制馅的原料；海参有刺参、梅花参等品种，制馅时需要先将其开腹去肠，洗净泥沙后切丁调味；干贝是扇贝闭壳肌的干制品，制馅时先要将其洗净、蒸透，再去掉结缔组织后使用。

3．鲜干蔬菜类

鲜干蔬菜类是指新鲜的蔬菜、干制的或腌制的蔬菜，也可作为馅心原料。有些蔬菜的叶、根、茎、瓜、果、花等也能用来制作馅心。这些馅心有鲜嫩、清香、爽口等特点。如萝卜丝饼、荠菜馄饨、霉干菜包等。

（三）复合味馅原料

复合味馅原料是指将一部分蔬菜和一部分动物原料经加工、调味或烹调，混合拌制而成的一种咸馅料。这种馅料集中了素馅和荤馅两者之长，营养搭配合理，口味协调，营养丰富，使用广泛。例如：三丁包、霉干菜肉馅包、荠菜肉馄饨、白菜肉馅饺等。

三、面点的辅助原料

面点的辅助原料主要指能够辅助主料成坯，改变主坯性质，使制品美味可口的原料。常用的辅助原料主要有糖、盐、乳、鲜鸡、油脂、食品添加剂等。

（一）糖

在面点制作中常用的糖有蔗糖、饴糖（麦芽糖）和蜂蜜。

1．蔗糖

蔗糖具体包括白砂糖、绵白糖、冰糖和红糖。在中式面点制作工艺中，加上糖味辅料可以增加甜味，调节口味，提高成品的营养价值；增加面坯发酵速度，改善面点的色泽、美化成品外观，并保持品质的柔软性、延长保存期。

2．饴糖（麦芽糖）

饴糖的主要成分是麦芽糖，因而人们称其为麦芽糖，其色泽较黄，呈半透明状，有高度的黏稠性，甜味较淡。它可增进成品的香甜气味，增加点心品种，使其更具光泽；也可以提高成品的滋润性和弹性，起绵软作用，还可抗蔗糖结晶，防止上浆制品发烊、发沙。

3．蜂蜜

蜂蜜是一种黏稠、透明或半透明的胶体状液体。它的营养价值较多，有提高成品营养价值的作用。它还可以增进成品的滋润性和弹性，使其膨松、柔软，独具风味。

（二）食盐

食盐一般分为粗盐、洗涤盐和再制盐（精盐）。盐可改变面团中面筋的物理性质，增强面团的筋力；可使面团的组织结构变得细密，使其显得洁白。还可促进或抑制酵母的繁殖，调节面团的发酵速度。

（三）油脂

中式面点制作中常用的油脂有猪油、黄油和各种植物油。通过它们使制品增加香味，提高营养成分；也可使面团润滑、分层或起酥发松，使制品光滑、油亮、色均，并有抗老化作用，以使成品达到香、脆、酥松的效果。

（四）牛乳制品

在中式面点制作中常用的乳类及其制品有牛乳、炼乳和乳粉。乳制品可以提高面点制品的营养价值，改善面团性能，提高外观性质；还可增加制品的奶香气味，使其风味清雅，并可提高制品的抗老化能力，延长制品的保质期。

（五）鲜蛋

鲜蛋指鸡蛋、鸭蛋。鲜蛋可提高中式面点制品的营养价值、增加其天然风味、提高制品的疏松度和柔软性，增强制品的抗老化能力，延长其保质期；还可以改变面团的颜色，增强制品的色彩。

（六）食品添加剂

食品添加剂是指能改善食品的品质，增强其色、香、味，以及为防腐、保鲜和加工工艺的需要加入食品中的天然物质或人工合成物质。食品添加剂主要包括：着色剂、膨松剂、食用香精、香料、防腐剂、增稠剂和乳化剂等。

1．着色剂

着色剂是一种能使食品着色和改善色泽的物质，包括合成色素（赤苏红、胭脂红、柠檬黄等）、食用天然色素（辣椒红、红花黄、杞子黄、杞子蓝、姜黄素等）。

2．膨松剂

膨松剂是指在面点制作中，使面点制品具有膨松、柔软或酥脆性质的化学物质。有化学膨松剂和生物膨松剂两大类。经常使用的有碳酸氢钠与碳酸氢铵、发酵粉和酵母。

3．食用香精香料

食用香精香料有多种天然香料与合成香料调配成的混合香料，称为调和香料，我国称其为香精。它可以使某些食品的香气增强，使天然产品的香气稳定、使某些馅料的香气得到补足；也可以赋予某些没有香味的食品有一定的香味和香气；还可以起到矫味作用和替代作用。食用香料是指用于调配食品香味，并使食品增香的物质。在面点制作中使用香料不仅能够增进食欲、有助于消化吸收，且对增加面点的花色品种和提高质量有重要作用。

食用香料属食品添加剂，有天然和合成两类。

天然食品香料中有动物香料和植物香料。

合成食品香料有天然等同食品香料和人造食品香料。其品种多、用量小，大多存在于天然食品中。目前世界上所使用的食品香料品种近 2000 种。我国已经批准使用的品种也在 1000 种以上。

在面点制作中经常使用的香精、香料有：肉桂油、玫瑰花油、留兰香油、甜橙油和香草粉。

4．增稠剂

增稠剂是一种提高食品黏稠度，从而使食品的物理性状发生改变、增强口感并兼有乳化、稳定或使其呈悬浮状态作用的物质。增稠剂主要有：琼脂、明胶、结冻胶等。

5．乳化剂

乳化剂亦称面团改良剂、抗老化剂、发泡剂等。它是一种多功能的表面活性剂。它能使油脂乳化分散、促进制品体积膨大、柔软疏松，是最理想的抗老化剂。在面点制作中使用它可以推迟面点的老化、延长制品的货架期。

乳化剂的品种很多，主要有天然乳化剂和合成乳化剂两大类，常见的有卵磷脂、脂肪酸甘油酯、山梨脂肪酸酯、蔗糖脂肪酸酯、硬脂酸乳酸钠、硬脂酸乳酸钙等。目前中式面点制作中常使用的乳酸剂主要是蛋糕油和起酥油。

第二节　中式面点制作的基本程序

我国面点的品种繁多，制作技术精湛，手法也较广泛。经过历代的演变，面点制作的程序已经基本形成，一般有五个程序：选择原材料，准备制作工具，加工原料、面团成形、制品成形、制品成熟。其基本过程离不开十道工序：和面、揉面、搓条、下挤、制皮、制馅、上馅、成形、熟制、装盘。这些是中式面点制作的基本功，必须学会，并熟练掌握。

一、和面

和面又称调面，是将面粉与其他辅助材料掺和，并调制成面团的工艺过程。它是整个面点制作中最初的一道工序，是制作面点的重要环节，也是一种重要的基本功。和面的好坏直接影响制品的质量，及其程序操作能否顺利进行。

（一）和面的要求

掺水要适量，且要视不同的品种、不同的季节和不同的面团而定，掺水不是一次加大水量而是分几次掺入。

姿势要正确，动作要迅速、干净利落。面和好后要做到手不粘面。

（二）和面的手法

和面的手法大体上有三种：炒拌法、调和法、搅合法。其中使用最广泛的手法是炒拌法。无论是用哪种手法，和好后的面团一般要用干净的湿布盖上，以防面团吃干、干裂。

二、揉面

揉面是在面粉颗粒吸水发生粘连的基础上，经过反复揉搓，使面粉料调和均匀，充分吸收水分形成面团的过程。它是调制面团的关键，可使面团进一步柔软、光滑、增劲。

（一）揉面的要求

揉面的基本要求如下：一是姿势正确；二是用力适当；三是应朝一个方向揉制，摊开与卷拢有一定的次序和规律；四是揉和的时间长短视面粉吃水量大小、制品要求、劲力大小而定。

（二）揉面的手法

揉面的手法主要分为：捣、揉、揣、摔、擦等几种。其中，揉是调制面团的重要动作。它可以使面团中的淀粉膨胀粘连，蛋白质吸水均匀，形成较密面筋网络，增强面团劲力；揣比揉的劲力更大，可使面团更加均匀。

三、搓条

通过和面、揉面两道工序，可调制出适合各类制品需要的面团。继之，则要为下挤做好准备。搓条是下挤前的准备步骤。它是将揉好的面团用手搓成条状的一个过程。

（一）搓条的要求

搓条应做到以下几点：一是两手着力均匀、平衡；二是要用掌根推搓，不能用掌心；三是搓条长而圆，光洁，粗细一致。

（二）搓条的手法

取一块面团，先拉成长条，后双掌撤在面团上来回推搓，边推边搓，使面条向两侧延伸，逐渐成为粗细均匀的圆形长条。

四、下挤

下挤又称捣剂子，是指将搓条后的面团分割成规格大小一致的面团子的过程。下挤大小直接影响制成品成形的大小、核算成本的标准。

（一）下挤要求

下挤要求主要有三点：一是剂子大小均匀，重量一致；二是下挤的方向、角度要适合制品的要求；三是挤口利落、不带毛茬。

（二）下挤的手法

根据不同的面团，下挤的手法往往不同。一般有以下几种：

揪挤，又称摘挤。适用于水饺、蒸饺等的制作。

挖挤，又称铲挤。适用于大包、馒头、烧饼等的制作。

切挤，适用于油酥、花卷、大小面头等的制作。

拉挤，适用于馅饼的制作。

剁挤，适用于普通馒头的制作。

五、制皮

制皮是将面剂用手或借助工具制成各种形状扁片的过程。这一道程序的技术性较强，操作方法也比较复杂。这道工序的好坯直接影响下面工序的进行和面点最后成形。它是制作面点的基础操作之一。由于面点品种多样，因而制皮方法也多种多样。

（一）制皮要求

先用手或借助工具，制成皮坯。

必须根据品种的要求、特色及坯料的不同要求和工艺操作。

（二）制皮方法

常见的制皮方法有擀皮、拍皮、按皮、捏皮、压皮、摊皮、敲皮等七种。

擀皮是目前最普遍、最主要的制皮方法，其技术性强、要求较高。由于擀皮适用品种多，因而擀皮的工具和方法也多种多样。常用的擀皮方法制作的皮子有：水饺皮、烧卖皮、油酥坯皮等。

按皮法适用于一般糖包的皮。

捏皮法适用于汤团皮的制作。

摊皮法适用于春卷皮的制作。

敲皮法适用于地方风味特色点心的皮的制作，如鱼皮馄饨等。

六、制馅

制馅就是面点馅料制作的过程，是多数面点制品的重要组成部分。其作用非常重要。它可以决定面点的口味，影响面点的形状，形成面点的特色和丰富面点的品种。

多数面点品味是由馅决定的。北京都一处烧卖、天津狗不理包子、淮安文楼汤包、广东虾饺等闻名全国的点心，就是以馅心用料考究、制作精细、口味鲜美而出名的。三大面点流派（京式、苏式和广式）的特色就是因其所用馅心的配制不同而形成各自的特色。水饺的品种因馅心的不同而翻了几番。如，因用肉的种类不同，形成了猪肉水饺、羊肉水饺、牛肉水饺、鸡肉水饺和鱼肉水饺等。再如，与素菜匹配，或与各种海产品原料互配，可以形成各种风味的水饺。

（一）馅料的种类

面点馅心原料种类划分如下：

按制作原料划分，可分为：荤馅料、素馅料和荤素馅料。其中荤素馅料比较符合人体营养需求、口味较佳等优点，使用比较普遍。

按工艺方法划分，可分为：生馅料、熟馅料和生熟混合馅料。

按口味划分，可分为：甜馅料、咸馅料两大类。

所处位置不同，可分为：馅料和面臊（卤、浇头）两类。

（二）制馅的要求

原料要切小切细（这是制馅的共同要求）。

黏度和水分要适度控制（这是制馅的两大关键）。

咸馅调味要较一般菜肴稍淡，以免制熟后过咸，失去鲜味。

熟馅制作多需勾芡，以免面点因馅中水分过多，而难于成形。熟馅勾芡，可使制熟后的成品避免出现露馅，或塌底现象。

（三）制馅方法

制馅的方法很多，因馅料种类不同而制作工艺也不同。例如，以甜馅制作工艺而言，首先是选料；其次是去皮、核，熟制；其三是制泥蓉；最后是调味。咸馅的制作也因原料的性质不同而有所不同。以生素馅为例，先是选料、拣择、清洗；其次是刀工处理；其三是去掉水分和异质；最后是调味和拌和（拌好的馅料不宜放置时间过长，最好是随用随拌）。

七、上馅

上馅亦称包馅、打馅，是指在制成的坯皮中间放上调制好的馅料的过程，是制作有馅品种的一道重要工序。它也是面点制作的基本功之一。这道工序的好坏会直接影响至成品的包、捏和成形，必须重视。

（一）上馅要求

上馅要求能体现品种特色，具体要求做到：一是熟练掌握上馅技术；二是包入的馅量要适当，不能太多，也不能太少，要符合制品的要求。

（二）上馅方法

面点上馅的方法有多种。常用的方法有包馅法、拢上法、夹馅法、卷上法、注入法、滚沾法和酿馅法等。其中包馅法是最常见的上馅方法。如，包子、饺子、汤圆等都用此法。拢上法用于烧卖的制作，夹馅法用于制作三色糕点，卷上法用于制作豆沙花卷，注入法用于制作羊角筒，滚沾法用于制作小元宵、藕粉圆子等，酿馅法用于花色饺子、酿枇杷等。但不论用何种方法，上馅的馅量的多少要视具体的面点品种而定，要注意油量或含糖量多的馅料，上馅量不能多，相同制品上馅的量应相等，不能随意多上或少上。

八、成形

成形是将调制好的面团和馅心结合起来制成各种形态的成品或半成品的过程。它是面点制作程序中的重要环节，是体现面点形式、赋予面点灵魂的关键。

（一）成形方法

成形方法很多，按其特征可分为机械成形法、手工成形法和器具成形法三类。在这儿重点介绍手工成形法。

1．手工成形法基本功之一：揉、卷、擀、叠、摊

揉，是制作比较简单点心的成形方法之一，一般用于馒头的制作。

卷，是各类花卷、油酥类面制作的各类卷酥的点心的成形方法。

擀，是大多数面点成形的一种方法，如各类饼的制作。

叠，是叠成多层次制品的一种手法，叠制后的制品形状要整齐，层次要清晰。

摊，多用于饼类制品，重点可分为两类：一类是边摊边成形、制熟，熟后即食（如各种煎饼）；另一类是先摊皮、再包馅、成形、制熟的制品（如春卷）。

2．手工成形法基本功之二：包、捏、剪、夹、按

包，是许多带馅的面点品种制作的方法。如包子、烧卖、馄饨、粽子等。

捏，手法多样，艺术性较强，如水饺、酥饺等。

剪，是利用剪刀等工具在制品表面剪出独特形态的手法。如佛手包、菊花包。

夹，是借助工具对制品进行夹捏而成形的方法，如菊花卷。

按，是指用手掌将包好馅心的生坯按扁成形的方法，如麻饼、馅饼的制作等。

3．手工成形法基本功之三：押、切、削、拔

押，是北方做面条经常使用的方法，但难度较大。

切，一般用于刀切面。

削，这种成形的方法，又称刀削面。

拔，是用筷子将稀软面糊制作成形的一种方法，如拨鱼面的制作。

（二）成形要求

面点成形技术是体现面点艺术价值的关键所在，技艺性要求比较高，难度相对比较大。面点的成形方法较多，一般视具体品种采用不同的方法。其中有些方法是硬功夫，要求高。如押法，除面团制作要符合要求外，还需要把握正确的姿势、动作和手法的基础上反复练习才能掌握。

九、熟制

熟制又称制熟，是对成形的面点生坯通过各种加热的方法使之成为色、香、味、形俱全的成熟制品的过程。它是面点制作的最后一道工序，也是十分关键的程序。面点的色泽、形态、馅心及味道能否符合顾客的要求，都是由这道工序的好坏决定的。

熟制这道工序的根本作用是使面点由生变熟，成为人们易于消化吸收的可食品。这道工序对面点的色、香、味、形有重大影响。一般面点要求制品的色泽美观、形态完整，就是通过这道工序来实现的。例如，炸、烤制品，要求达到金黄色，色泽要鲜明、光亮，没有糊焦和灰白色，完全取决于熟制技术的掌握。有一些面制品的口味也只有通过熟制才能体现出制品的香味，因为食品通过加热成熟可以去除异味，增加香味；还有食品通过加热成熟，可以对制品杀菌消毒，有利于身体健康。

熟制的方法有很多，通常可分为单加热法和综合加热法（复加热法）。在面点的制熟中运用较多的是单加热法，主要有蒸、煮、炸、煎、烘烤、烙、炒等。这些加热方法有利用于保持制品的形态完整、馅心入味、内外成熟一致，并较易实现爽滑、松软、酥脆等要求。

（一）蒸

它是利用水蒸气的热对流作用使面点生坯成熟的一种方法，适用于馒头、包子、米糕、烧卖、花色饺的制熟。

（二）煮

它是利用热水对流的作用使制品成熟的方法，适用于汤圆、水饺、面条、花色粥、汤羹等的制熟。

（三）炸

它是利用油脂的热传导和热对流作用使制品成熟的方法。适用于油条、春卷、麻花、花色酥点的制熟。油炸制品都有香、酥、松、脆和色泽美观的特点。

（四）煎

它是利用热锅及油传导作用，使制品成熟的方法，适用于锅贴、锅饼、煎饼、煎面、生煎包子等的制熟。

（五）烘烤

烘烤是指成形的面点生坯放入烤炉内，通过烤箱（炉）内高温引起的辐射、对流、传导方式把制品烤熟的方法。这种方法适用于蛋糕、酥点、饼类等面点的制熟。这样的烘烤制品具有形状美观、色泽鲜明、富有弹性、容易储存、入口松酥等特点，受到食客们的欢迎。

烤制法是所有熟制方法中传热最复杂的一种，在烘烤过程中，温度、水分、油脂、颜色等均在不断变化，并产生香气。所以，烤制法的技术要求较高，要掌握烤炉火力的调节、控制炉温、调节炉内烘烤温度，掌握好烤制时间，以及合理安排入炉生坯的数量和间隙，选用导热性好的烤盘等。

（六）烙

指把成形的面点生坯放在平底锅中，加上炉火，利用金属传热方式致制品成熟的一种方法。这种烙制品多具有吃口韧、内里柔软、色泽呈黄褐色等特点。操作时保持温度适当，及时翻坯移位，以免出现焦煳或夹生现象。

这种方法适用于一些烙饼的制熟，如葱油香烙饼、葱油薄饼等。

（七）炒

指用勺功使面点生坯快速成熟的方法，常用于各种特色风味面点的制熟。操作时要熟练掌握勺功、翻锅技术，要正确运用火候，掌握好成熟时间。

十、装盘

装盘是指加工成熟的面点放入容器中以备上桌的过程。这是中式面点制作程序中的最后一道工序。装盘的方法有好几种，有随意式、整齐式、图案式、点缀式和象形式等。其中整齐式装盘是最常见的装盘方式，适用于包子、春卷、酥饼等。象形式装盘对色彩、造型要求较高，是难度最大的一种方法。在宴席上配合主题的点心装盘多采用这种方法。

第三节　中式面点制作所使用的设备及工具

中式面点制作时使用以手工为主的技术，在整个制作过程中需用多种工具设备。这些设备和工具是指在面点的原料加工、成形、制熟等工序中所借用的一些必备器具。它们在为实现制作要求、提高面点质量、促进制作技术的发展中起着重要的作用。因此，了解这些器具和设备的种类、用途、使用方法及养护知识是非常必要的。本节主要对常用的设备、工具及其使用、养护知识做一些必要的介绍。

一、常用的设备工具

中式面点制作中所用的设备与工具，是直接为面点生产制作而服务的，有较强的使用价值。面点制作中常用的一些机械设备，主要用于制皮与馅心的加工，制品的成形与制熟等工序。它们所起的作用是，有利于操作的进行和技术的发挥（如坯料操作需要案板，成形需要面杖、刀等）、有助于提高制作生产效率，减轻劳动强度（如和面机、切面机、绞肉机、制面机等）。

（一）常用设备

面点制作常用设备包括机械类、案台类、炉灶和铁锅等。

机械类：主要有和面机、磨面机、打蛋机、绞肉机、上浆拌馅机以及切面机、饺子机、包子机、制面机等。

案台类：案台是制作面点的工作台。因面点的品种不同，需要使用不同的操作台。主要有：木板案台、石板案台和金属案台三种。其中木板案台结实牢固，表面光滑、无缝隙和木屑，洗刷方便，适用于制作面团、馅料时使用。石板案台只用于制作特色面点的品种时使用。金属案台通常采用不锈钢制成，适用于米粉类、薄皮类点心的制作。

炉灶：炉灶是面点制品制熟工序中主要设备。通常有以下几种：

炉，有电热烘烤炉和燃烧烘烤炉两种。其中电热烘烤炉主要用于烘烤各种中式糕点；燃烧烘烤炉常用来制作锅贴、饺子等小规模制作点心的熟制。

灶，有蒸汽蒸煮灶和燃料蒸煮灶两种。蒸汽蒸煮灶在厨房中的应用较广泛。

铁锅：通常铁锅有水锅、高沿锅、平锅等。其中水锅又称斗锅，用于煮饺子、下面条等；高沿锅用于煎锅贴、水煎包等的熟制；平锅又叫饼锅，用于摊煎饼、煎锅贴、烙饼和摊春卷皮等。

蒸笼又称笼屉，一般为圆形，上面配有蒸盖。它有多种规格，专用于蒸制品的熟制。

（二）常用工具

面点常用工具指在中式面点制作中最常用的手工操作用具，因各种制品的所需不同可以使用不同的工具，故又可以分为：制皮工具、成型工具、制熟工具等。这些常用工具在面点手工制作过程中主要起辅助作用，因此要求结实耐用、不变形。

制坯工具：主要有擀面杖。擀面杖的品种较多，有面杖、通心槌、单手杖、双手杖、橄榄仗等。

面杖，有大中小三种，大的长 24～26 寸，用以擀大块面。中的约长 16 寸，用于擀花卷，饼等。小的约长 10 寸，用于擀饺子皮、包子皮及油酥等小型点心。

通心槌，又名走槌，用于开片和擀烧卖皮等。

单手杖，亦称小面杖，约 8 寸长，两头粗细一致，光滑比直，擀饺子皮用。

双手杖，比单手杖细，擀皮时两根合用，双手并用，用于擀饺子皮，蒸饺皮等。

橄榄杖，中间粗，两头细，形如橄榄，长度比双手杖短，用于擀饺子皮、烧卖皮等。

成形工具：主要有模具（花色点心模）、印模（也称印子，各种形状，底部刻有各种花纹图案及文字）、花钳（制作各种花色点心的钳花成形的专门工具）、花戳（用于坯皮点心的表面造型）和木梳（用于象形花色面点的制作）等。

调馅用料工具具体有：刀、筷子、馅盒、打蛋桶、蛋抽子等。

制熟工具：具体有笊篱、网罩、漏勺、锅铲。

称量工具：主要有盘秤、小型磅秤。

着色、抹油工具：主要有色刷、排刷、毛笔。

其他工具：如石磨、簸箕、量杯、刮板、面杖、铲刀、抹刀、裱花纸、耐热手套、散热网等。

二、常用设备、工具的使用与保养知识

中式面点制作的设备、工具种类多，性能与形状各异。为了充分发挥它们的作用，提高面点制作效率，制作人员必须了解并掌握其相关的使用养护知识。

（一）熟悉性能、正确使用

面点制作人员必须进行有关设备、工具的结构、性能、操作与维护方法及安全知识方面的学习。在未学会前切勿盲目操作。

（二）编号登记，专人保管

因常用设备、工具种类多，故必须适当分类、编号登记，并设专人保管。对于一些常用的炊事设备，需合理设计安装位置；对一般常用工具，要做到“用有定时，放有定点”。

（三）保洁清洁，严格消毒

面点制作常用设备工具的清洁卫生直接影响制品的卫生，意义重大。因此，用具必须保持清洁，并定时进行严格消毒；对生熟制品用具，必须严格分开使用和存放。如案板不能用来切菜、剁肉，更不能兼做吃饭、睡觉之用。

（四）注意维护保养

面点制作工具是面点制作的必须用具，在使用中要注意维护和保养，爱护使用，以提高工具的使用寿命。

（五）重视操作安全

国家专门出台针对食品用设备、设施运行卫生制度。因此每一位面点制作人员都要自觉遵守安全责任制度，重视操作和设备使用安全。

食品用设备、设施运行卫生管理制度：

食品处理区应按照原料进入、原料处理、半成品加工、成品供应的流程合理布局设备、设施，防止在操作中产生交叉污染。

配备与生产经营的食品品种、数量相适应的消毒、更衣、盥洗、采光、照明、通风、防腐、防尘、防蝇、防鼠、防虫、洗涤以及处理废水、存放垃圾和废弃物的设备或设施。主要设施宜采用不锈钢，易于维修和清洁。

有效消除老鼠、蟑螂、苍蝇及其他有害昆虫及其滋生条件。加工与用餐场所（所有出入口），设置纱门、纱窗、门帘或空气幕，如木门下端设金属防鼠板，排水沟、排气、排油烟出入口应有网眼孔径小于6毫米的防鼠金属隔栅或网罩；距地面2米高度可设置灭蝇设施；采取有效“除四害”消杀措施。

配置方便使用的从业人员洗手设施，附近设有相应清洗、消毒用品、干手设施和洗手消毒方法标示。宜采用脚踏式、肘动式或感应式等非手动式开关或可自动关闭的开关，并宜提供温水。

食品处理区应采用机械排风、空调等设施，保持良好通风，及时排除潮湿和污浊空气。采用空调设施进行通风的，就餐场所空气应符合GB16153《饭馆（餐厅）卫生标准》要求。

用于加工、贮存食品的工作用具、容器或包装材料和设备应当符合食品安全标准，无异味、耐腐蚀、不易发霉。食品接触面原则上不得使用木质材料（工艺要求必须使用除外），必须使用木质材料的工具，应保证不会对食品产生污染；加工直接入口食品的宜采用塑料型切配板。

各功能区和食品原料、半成品、成品操作台、刀具、砧板等工作用具，应分开定位存放使用，并有明显标识。

贮存、运输食品，应具有符合保证食品安全所需要求的设备、设施，配备专用车辆和密闭容器，远程运输食品须使用符合要求的专用封闭式冷藏（保温）车。每次使用前应进行有效的清洗消毒，不得将食品与有毒、有害物品一同运输。

应当定期维护食品加工、贮存、陈列、消毒、保洁、保温、冷藏、冷冻等设备与设施，校验计量器具，及时清理清洗，必要时消毒，确保正常运转和使用。

第四节　中式面点制作案例：更岁饺子

为更好地了解中式面点制作的基本程序，熟悉面点制作中所使用的设备、工具，我们以中国传统的更岁饺子为例，综合本章讲述的基本知识，从准备、操作到最终考核都提出了具体的要求，以使读者掌握本章所学的知识。

一、相关知识小贴士

春节是我国最盛大、最热闹的一个古老传统节日。俗称“过年”。按照我国的传统习俗，农历正月初一是“岁之元，月之元，时之元”，是一年的开始。春节的传统的庆祝活动则从除夕一直持续到正月十五元宵节。每到除夕，家家户户阖家欢聚，一起吃年夜饭，称“团年”。其间全家团聚，其乐融融。然后一起守岁，叙旧话新，互相祝贺鼓励。当新年来临时，爆竹烟花将节日的喜庆气氛推向高潮。我国北方地区在此时有吃饺子的习俗，因此，更岁饺子取“更岁”之意。

二、工艺流程

更岁饺子制作工艺流程如下：

和面—揉面—搓条—下剂—制皮—上馅—成形—熟制

三、操作步骤

（一）实训场地准备

设备：案台，炉灶，案板，蒸锅（箱），水锅。

工具：盆，刀，刮皮刀，擦子，笊篱，尺子板，油刷。

（二）实训用品准备

主料：面粉 250 克，冷水 130 克。

馅料：猪肉 450 克，香菇粒 100 克，笋粒 100 克。

调料：酱油 25 克，料酒 10 克，盐 5 克，姜末 5 克，葱花 50 克，花椒 1 克，胡椒粉 1 克，麻油 15 克，味精 2.5 克。

（三）具体操作要点

制馅：猪肉剁碎；冬笋洗净、焯水、切末。猪肉馅放入盆内，加入姜末、料酒、酱油、花椒水、胡椒粉，拌匀加入适量清水，顺一个方向搅拌至肉馅成黏稠状。放入香菇末、笋粒、盐、味精、葱花，淋上少许麻油拌匀待用。

和面制皮：面粉倒在案板上，加入 130 克冷水，按照工艺程序制作。

包馅成形：略。

成熟：用开水煮熟，须点三次冷水。

（四）实训总结

成品特点：色泽本白，无花斑；皮子中间厚四边薄、干粉少；形态饱满、大小均匀；皮薄爽滑筋道，口味咸鲜香、馅心嫩滑有卤汁。

第三章　面点常用原料

中式面点工艺经常使用的原料与中式烹饪相比有明显的侧重，每一种原料所体现的工艺性能也各有不同，特别是它们在工艺中的作用有时有很大差异。本章重点对面点工艺中的常用原料进行详细介绍。

第一节　常用的主坯原料

一、小麦与面粉

小麦属禾本科植物，是世界上分布最广泛的粮食作物之一。小麦在我国有 5000 多年的种植历史，我国小麦的播种面积和产量仅次于水稻而居第二位。

（一）小麦的市场分类

按照小麦籽粒皮色不同，可将小麦分为红皮小麦和白皮小麦，简称为红麦和白麦。白麦粉色好、但张力不及红麦。按籽粒粒质不同，可将小麦分为硬质小麦和软质小麦，简称为硬麦和软麦。硬麦的胚乳结构紧密，呈半透明状，也称为角质或玻璃质。硬麦的胀力大，适宜制作发酵食品，如面包、馒头。软麦的胚乳结构疏松，呈石膏状，也称为粉质。软麦张力小，较宜制作松脆食品，如各类饼干。按照播种季节的不同，可以将小麦分为春小麦（即春季播种，当年夏或秋两季收割的小麦）和冬小麦（即秋或冬两季播种，第二年夏季收割的小麦）。

我国有冬、春小麦两大生态型。我国的春麦区主要有东北春麦区（包括黑龙江、吉林两省全部和辽宁、内蒙古部分地区，是我国春小麦的主产区）、北部春麦区（以内蒙古为主，包括河北、陕西、山西部分地区）和西北春麦区（以甘肃、宁夏为主，包括内蒙古、青海部分地区）。冬麦区有北部冬麦区（包括河北、山西大部，陕西、辽宁、宁夏、甘肃部分及北京、天津两市）、黄淮冬麦区（包括山东全部、河南大部，河北、江苏、安徽、陕西、山西、甘肃部分地区）、长江中下游冬麦区（包括江苏、安徽、湖南各省大部，上海、浙江、江西全部以及河南信阳地区）和西南冬麦区（包括贵州全境，四川、云南大部，陕西、甘肃、湖北、湖南部分地区）。

中国商品小麦根据小麦的粒质和皮色分为五类（GB1351—2008）。即硬质白小麦、软质白小麦、硬质红小麦、软质红小麦和混合小麦。

（二）麦粒的结构

麦粒由皮层、糊粉层、胚和胚乳四部分组成。

皮层皮层又称麴皮，占小麦粒干重的 8%～10%，由纤维素、半纤维素和果胶物质组成，其中含有一定量的维生素和矿物质。因皮层不易被人体消化，且影响面粉食味，磨粉时要除去皮层。

糊粉层是皮层的最里一层，也是灰分含量最高的一层，占小麦粒干重的 3.25%～9.48%。糊粉层中除了含有大量的灰分以外，还含有蛋白质、维生素和少量的纤维素、脂肪，营养价值较高。加工高级粉时，由于损失了大部分糊粉层，常有一些营养缺失。

胚乳是麦粒的主要成分，占小麦干重的 78%～83.5%，它的最外层是糊粉层。胚乳的主要成分是淀粉，也含一定数量的蛋白质、脂肪、维生素和矿物质。

胚位于麦粒背面基部，占小麦干重的 2.22%～4%。胚中含有较多的蛋白质、脂类、矿物质和维生素，也含有一些酶。

（三）小麦粉的加工和主要质量标准

小麦粉的加工小麦粉的加工主要经过清洗、润麦、制粉、配粉等过程。

清洗：消除小麦含有的有机、无机杂质。

润麦：通过着水调整小麦的水分，使小麦柔韧，胚乳疏松，易于磨研和筛理。

制粉：通过磨研和筛理，分离皮层和胚芽，并将胚乳磨成面粉。

配粉：根据需要配置各种用途的小麦粉，即俗称面粉。

小麦粉的主要质量指标根据我国国家标准（GB1355—2005），面粉的主要质量指标包括以下几个方面：

通用指标：小麦粉标准的通用指标包括加工精度、粗细度、含砂量、磁性金属物含量、水分、脂肪酸值、气味、口味等项目。

加工精度（Processing Degree）：小麦粉的加工精度通常以小麦粉的粉色和所含麸星（即麦皮屑）的多少衡量，是反映面粉质量的标志之一。灰分为小麦粉经高温灼烧剩下的残渣占试样总质量的百分比（%），即矿物质含量。灰分表示小麦胚乳和皮层的分离程度。灰分含量越低，面粉精度越高。

粗细度（Granularity）：小麦粉颗粒的粗细程度，以通过的筛号及留存某筛号的百分比（%）表示。筛上物用 1/10 感量天平称量，其质量小于 0.1g，视为全部通过。国家标准统一规定小麦粉应在 CB30 全通过，CB36 留存小于 10%。

纯度（Purity）：含砂量——小麦粉中细砂含量占试样总质量的百分比（%）。

磁性金属物（Magnetic Metal Content）小麦粉中磁性金属物的含量，以每千克小麦粉中含有磁性金属物的质量表示（g/kg）。

水分（Moisture Content）：面粉中水分含量占面粉总重的百分比（%）。按国家标准规定，面粉厂生产的面粉含水量应≤14.5%。

脂肪酸值（Fatty Acid Value）：中和100g小麦粉中游离脂肪酸所需氢氧化钾的毫克数，以mgKOH/100g表示。国家标准统一规定为≤60mgKOH/100g。

气味口味（Smell and Taste）：面粉应无异味。

面筋量（Gluten Content）：小麦粉面筋质的湿基含量，以面筋占面团质量的百分率表示。国家标准中湿面筋含量定为：强筋小麦粉≥32.0%：弱筋小麦粉≥24.0%；北方型中筋小麦粉≥28.0%；南方型中筋小麦粉≥24.0%。

稳定时间（Stability Time）：面团揉和过程中粉质曲线到达峰值前第一次与500F.U.线相交，以后曲线下降第二次与500F.U.线相交并离开此线，两个交点相应的时间差值称为稳定时间。国家标准中规定：强筋小麦粉≥7.0min，北方型中筋小麦粉≥4.5min，南方型中筋小麦粉≥2.5min，弱筋小麦粉<2.5min。

降落数值（Falling Number，FN）：亦称“哈格伯格-伯坦氏降落数”（Hagberg-Perten method FN）。物体在（置于高温水浴中的）面粉悬浮液中降落一定高度所需时间的秒数，可反映淀粉酶活性，并可借以快速准确地评价谷物发芽损伤。降落数值表明面粉中的以α-淀粉酶活性，面粉降落数值越高，面粉的α-淀粉酶活性越低，表明小麦没有发芽。发芽的小麦做出的淀粉，在烹调勾勒时不稠，糊化作用差。国家标准对强筋小麦粉的降落数值只规定下限≥250s，中筋小麦粉、弱筋小麦粉和普通小麦粉≥200s。

（四）面粉的分类

按面粉中蛋白质（面筋质）含量的高低分类。

强筋小麦粉：主要作为各类面包的原料和其他要求较强筋力的食品原料。

中筋小麦粉：主要用于各类馒头、面条、面饼、水饺、包子类面食品、油炸类面食品等。由于中筋小麦粉对应的筋力强度和食品加工适应性能较广，将中筋小麦粉又分为南方型中筋小麦粉和北方型中筋小麦粉。

弱筋小麦粉：主要作为蛋糕和饼干的原料。

普通小麦粉：考虑到有些特殊产品无法按强筋、中筋和弱筋小麦粉进行分类，将其统一归并在普通小麦粉中，该类小麦粉只规定其常规指标，不涉及小麦粉的筋力强度。

按小麦的加工精度分类面粉按加工精度、色泽、含麸量的高低，可分为特制粉、标准粉和普通粉。

特制粉：弹性大，韧性、延伸性强，适宜做面包、馒头等，一般用于做高级宴会点心。标准粉：弹性不如特制粉，营养素较全，适宜做烙饼、烧饼和酥性面点制品。

普通粉：弹性小、韧性差、可塑性强、营养素全，适宜做饼干、曲奇和大众化面食。

按用途分类小麦粉可分为一般粉和专用粉。专业小麦粉的基础是专用小麦，如硬红春麦是最好的面包粉小麦，软红冬麦是最好的饼干、蛋糕小麦。专用小麦粉的品质要求是均衡、稳定，要求小麦粉吸水量、筋力一致，不应忽高忽低。

面条粉：面团粉具有色泽洁白、蛋白质含量高、制成面条不断条、口感爽滑的特点。使用时每 500g 面粉加水 200～225g、食盐 5g 和面揉匀，醒 20min，手擀或用面条机制成面条，沸水下锅煮。

面包粉：面包粉具有粉质细腻、色泽洁白、面团富有弹性、烘焙制成品气孔均匀、松软可口的特点。使用时需经过搅拌、轧延、分割、静置、醒发等工艺过程。

饺子粉：饺子粉具有粉质细滑、色泽洁白、筋力适中、麦香味浓的特点，是水饺、馄饨等面点制品的理想用粉。使用时一般是用面粉 500g、水 225g 左右、食盐 5g 和成面坯。其成品弹性好、有咬劲、不黏不糟、麦香味久。

自发粉：自发粉具有粉质细滑、洁白有光泽的特点。它由精制小麦粉分次按比例与膨发剂（碳酸氢钠和磷酸二氢钙）搅拌混匀，使用时无须传统的发酵过程。使用时一般是面粉 500g、水 200～225g 和成面坯，可做馒头、包子、花卷、发面饼等，也可将面粉调成糊状炸制鸡腿、虾仁等食品。成品表皮光滑、色泽洁白、口感好、松软香甜、麦香味浓。

目前在各旅游饭店还出现了一些我国香港、台湾等地的品牌面粉。它们一般按用途和加工精度或蛋白质含量和加工精度两个指标分类。

另外，香港地区市场上还出现了一些预拌粉系列，如“多谷面包”“海绵蛋糕”系列预拌粉、“欧陆面包专业粉”等，它们为面点工艺的发展提供了雄厚的物质条件。

（五）面粉的品质鉴定

面粉的品质主要从含水量、颜色、新鲜度和所含面筋的数量、质量等几个方面进行鉴定。

面粉的色泽面粉的颜色与小麦的品种、加工精度、贮存时间和贮存条件有关。加工精度越高，颜色越白；贮存时间过长或贮存条件较潮湿，则颜色加深。颜色加深是面粉品质降低的表现。

餐饮业一般采用感官鉴定的方法进行检验。其方法是根据标准样品对照，同一等级的面粉，颜色越白，品质越好。

面粉的含水量餐饮业常采用感官鉴别法鉴定面粉的含水量。基本方法一般是：用手握少量面粉，握紧后松手，如面粉立即自然散开，说明含水量基本正常，如面粉成团、块状，说明含水量超标。

面粉的新鲜度餐饮业一般采用嗅觉和味觉的方法检验面粉的新鲜度。新鲜的面粉嗅之有正常的清香气味，咀嚼时略有甜味。凡是有腐败味、霉味、酸味的是陈旧的面粉。发霉、结块的是变质的面粉，不能食用。

面筋的品质面粉中面筋的含量和质量是影响面点成品的重要因素。

面筋的数量测定：测定面筋的含量通常采用物理方法。

取 10g 面粉放入研钵中，加盐水 5mL，混合成面团。

将面团泡在清水中 30min。

取出面团，用手在盐水流下的绢筛上揉洗，直至洗液中无淀粉为止（碘试剂测定，水溶液不显蓝色）。

挤出面筋中的水分，直到面筋球表面开始粘手时进行称量，即得湿面筋重。

将湿面筋放在 100～105℃恒温箱中干燥 20h，使其干燥至恒重，在干燥器中冷却后称量，即得干面筋重。

干（湿）面筋的含量=干（湿）面筋的质量/样品质量×100%

面筋的质量测定：主要是对面筋的弹性、延伸性、比延性和流变性进行测定。

面筋的弹性，弹性指面筋被拉长或被压缩后能恢复其固有状态的性能。

实验方法：将洗好的湿面筋搓成球形，用手指轻轻按压成凹穴状，当手指放开后，能迅速恢复原状者，弹性强；凡不能恢复原状者，弹性弱。弹性最弱的，将其搓成球形后静置一段时间，就会变成扁平状态。

一般面筋的弹性分为强、中、弱三等。

面筋的延伸性，延伸性指面筋被拉长到某种程度而不断裂的性能。

实验方法：取湿面筋 4g，先在清水中静置 15min，取出后搓成 5cm 的长条。双手拇、食、中指捏住两端，左手放在米尺的零点，右手沿米尺在 10s 内均匀地用力拉长，记录面筋被拉断时的长度。

一般长度为 15cm 以上者，为延伸性大；8～15cm 者为延伸性中等；8cm 以下为延伸性差。

面筋的比延性（韧性），比延性指面筋被拉长时所表现的抵抗能力。它以面筋每分钟自动延伸的长度（cm）来表示。

实验方法：取湿面筋 5g，置于水中浸泡 15min 取出，用手搓成 4～5cm 的长条。将其一端固定在吊架上，另一端挂上一个上有钩子的 6g 重砝码，然后将吊钩架、砝码及面筋一起置于盛满（30±1）℃水的 1L 量筒中（吊钩固定架在量筒口上方）。记下时间 t_1 和面筋的长度 L_B。等其在砝码重力作用下，面筋逐渐被拉长，直至断裂时为止。断裂时面筋的长度为 L_A 时间为 t_2。

面筋的比延伸性（cm/min）=（$L_A - L_B$）/（$t_2 - t_1$）

注意：测定需在恒温下进行，一般测定一个样品可在 1h 内完成。但对某些面筋特别强的样品，要等数小时面筋才能断裂。为简便起见，可取测定时间界限为 1h，这样不致影响测定结果的准确性。

一般比延伸性为 0.4 cm/min 的为强面筋，0.4～1cm/min 的为中面筋，1cm/min 以上的为弱面筋。

面筋的流变性。流变性指面筋在一定的温度、湿度条件下，自然流散的随意性质。

实验方法：取固定量的湿面筋，揉圆后放在下面贴有坐标纸的玻璃上，然后一起放入下面有 30℃水的干燥器中，再将干燥器放在 30℃的恒温箱中观察。

每单位时间观察一次，如单位时间直径变化大（mm/h），则流变性大，弹性小。有的面筋保持 3h 以上也不流变，说明其流变性小，而弹性大。

（六）面粉的工艺性能

影响面粉工艺性能的化学成分主要是淀粉和蛋白质。

淀粉是面粉的主要化学成分，它的主要作用是在一定温度下吸水，显示胶体性质，组成面坯。

面粉中的淀粉有直链淀粉和支链淀粉两种形式，直链淀粉主要位于小麦淀粉颗粒的内部，占淀粉总含量的 22%～26%；支链淀粉主要位于小麦淀粉颗粒的外部，占淀粉总含量的 74%～78%。淀粉可以在淀粉酶的作用下最终分解为麦芽糖和葡萄糖，继而为发酵过程中的酵母繁殖提供养分。

淀粉在成熟和加热中的焦化作用，能使面点制品表面成为金黄色或棕红色，从而起到着色作用。

蛋白质面粉中蛋白质的种类较多，但最主要的是吸水能够形成面筋质的麦醇溶蛋白（Gliadin）和麦谷蛋白（Glutenin），两者统称为面筋蛋白。面筋蛋白占小麦籽粒蛋白质总量的 80%左右，两者的数量和比例关系决定着面筋的质量。醇溶蛋白是植物种子储存蛋白的组分之一，不溶于水，占小麦蛋白质总量的 40%～50%，富有黏性、延伸性和膨胀性，因而决定面筋的延展性。麦谷蛋白即小麦种子胚乳中的谷蛋白，不溶于水，占小麦蛋白质总量的 35%～45%，决定面筋的弹性。

抻面工艺正是利用了面坯的弹性、韧性和延伸性。同理，面筋蛋白的延伸性使得发酵面坯具备了保持气体的性能，使膨胀的二氧化碳不外溢，并使面坯形成疏松的海绵状结构。面筋蛋白还使面点制品质地柔软，具有一定的弹性和韧性，保证成品切片不碎。

二、稻谷与大米

稻谷属禾本科植物，原产于印度及我国南部，现世界各地广有栽培，是我国的主要粮食作物之一。稻谷的主要产区集中在长江流域和珠江流域的四川、湖南、江苏、湖北、广东、海南等省。

（一）稻谷的结构

稻谷由稻壳、稻粒两部分组成。稻壳的主要成分是纤维素，不能被人体消化，加工时要去掉。去掉稻壳后的稻粒是糙米，糙米由皮层、糊粉层、胚和胚乳四部分组成。

皮层皮层是糙米的最外层，主要由纤维素、半纤维素和果胶构成。它影响大米的食味且不易被人体消化，要经过碾轧而除掉。

糊粉层糊粉层位于皮层之下，是胚乳的最外层组织。糊粉层虽然不厚，但集中了大米的许多主要营养成分，如蛋白质、脂肪、维生素和矿物质等。

胚位于米粒腹白的下部，含有较多的营养成分，还含有一些酶类。胚部的生命活性较强，储存时不稳定，大米霉变往往先从胚部开始。

胚乳糙米除去皮层、糊粉层、胚以外，其余部分为胚乳，约占米总重量的91.6%，营养成分主要是淀粉。

（二）稻米的种类和特点

糙米碾去皮层后称为稻米，俗称大米。稻米按米粒内所含淀粉的性质分为籼米、粳米和糯米。

籼米又称长米，我国大米以籼米产量最高，四川、湖南、广东等地产的大米都是籼米。

籼米的特点是粒细而长（长度是宽度的三倍以上），颜色灰白，半透明者居多。硬度中等，加工时容易出现碎米，出米率较低，米质黏性小而胀性大，口感粗糙而干燥。

粳米又称大米，主要产于我国东北、华北、江苏等地。北京的京西稻、天津的小站稍都是优良的粳米品种。

粳米的特点是粒形短圆而丰满，色泽蜡白、呈半透明状，硬度高，加工时不易产生碎米，出米率较高，黏性大于籼米小于糯米，而胀性小于籼米大于糯米。粳米又分为上白粳、中白粳等品种。上白粳色白、黏性较大，中白粳色稍暗，黏性较差。

糯米又称江米，主要产于我国江苏南部、浙江等地。糯米的特点是硬度低、黏性大、胀性小，色泽乳白不透明，但成熟后有透明感。糯米又分为釉糯和粳糯两种。粳糯米粒阔扁、呈圆形，其黏性较大，品质较佳；袖糯米粒细长，黏性较差、米质硬、不易煮烂。

（三）大米的品质鉴定

我国餐饮业对稻米品质的鉴定，主要采用感官检验的方法。

1．米的粒形

每一种米都有其典型的粒形和大小。优良品质的米，米粒充实饱满，均匀整齐，碎米、糙米和爆腰米的含量小，没有未熟粒、虫蚀粒、病斑粒、霉粒和其他杂质。

碎米：米粒的体积占整粒米体积 2/3 以下的米。造成碎米的主要原因是稻谷的成熟度不足，米的硬度低、腹白多、爆腰米多等。

糙米：没碾过或碾得不精的稻米。

爆腰米：米粒上有裂纹的米。造成爆腰米的原因是阳光对稻米的暴晒、风吹、干燥或高温等。

2．米的腹白和心白

腹白：米粒的腹部有白色粉质的部分（乳白色不透明的部分）。

心白：米粒的中心有花状白色粉质部分。

籼米、粳米、糯米都可能出现腹白和心白。腹白和心白大的米，其粉质部分多，玻璃质（即透明部分，又称角质）的部分就少。含腹白和心白多的米，蛋白质含量少，吸水能力降低，出饭率小，食味欠佳，粒质疏松脆弱，易折裂，碎米多，不耐贮藏。因此，这种米品质较差。

3．米的新鲜度

新鲜的米食味好，有光泽，味清香，熟后柔韧有黏性，滋味适口。陈化的大米含水量降低，千粒重减轻，米质硬而脆，色泽暗无光，柔韧性变弱，黏度降低，吸水膨胀率增大，出饭率增高，易生杂质，香味和食味变差。

稻米的陈化以糯米最快，粳米次之，籼米较慢。为了有效地延缓稻米的陈化，一般应将稻米储于低温、干燥的条件下。

（四）大米的工艺性能

决定大米工艺性能的主要化学成分是蛋白质和淀粉。

1．蛋白质

大米中的蛋白质主要是米谷蛋白（oryzenin）。米谷蛋白是碱溶性蛋白，是稻谷中的主要储存蛋白质，占总蛋白质的80%～90%，常与淀粉相互作用。米粉面坯中没有面筋网形成，因而没有包裹气体的能力，也没有弹性、韧性和延伸性。

2．淀粉

大米中的淀粉主要是支链淀粉，糊化温度较面粉略低，黏性较面粉高。根据米品种不同，其所含支链淀粉的数量也有所差异。籼米中含有70%的支链淀粉，粳米中含有83%的支链淀粉，糯米中含有98%的支链淀粉。所以糯米的黏性大于粳米，粳米的黏性又大于籼米，籼米黏性最差。

（五）米粉的加工方法

在面点工艺中，常常将大米磨成粉状制作各种点心，大米磨粉的方法一般有三种。

水磨法将大米用冷水浸泡透，当能用手捻碎时，连水带米一起上磨，磨成粉浆，然后装入布袋，将水挤出即成。水磨粉的特点是粉质细腻，制成食品软糯滑润，易成熟。因含水分较多，夏季容易变质、结块、酸败，不易保存。

湿磨法将大米用冷水浸泡透，至米粒松胖时，捞出控净水，上磨磨成细粉。湿磨粉软滑细腻，制成食品质量较好。湿磨粉的特点是含水量较多，不易保存。

干磨法将各类大米不经加水，直接上磨磨制成粉。干磨粉的特点是含水量少，不易变质，易于保管运输，但是其粉质较粗，成品口感较差。

（六）我国的优质稻米

1．小站稻米

小站稻米又称小站稻，原产于天津市津南区小站一带，现已发展到天津市郊区县和北京、河北省等广大地区。小站稻主要用于碾米做饭，营养十分丰富，是大米中的佳品。

小站稻的特点是籽粒饱满，皮薄，油性大，出米率高，米粒呈椭圆形，晶莹透明，洁白如玉。做饭香软适口，煮粥清而不浊，解饥解渴。

2．马坝油占米

马坝油占米产于广东曲江区马坝，因谷型细长如猫牙齿，故又名猫牙占。猫牙占的特点是色、形、味俱佳而且早熟。色指它的谷粒色泽特别金黄，加工成大米后，光滑晶莹，表面油光发亮，无腹白；形指它的粒体细而长，加工成大米后，两头细尖，玲珑剔透；味指它被煮成饭后，软滑凝香，味美可口。

马坝油占米生长期只需 75d，油脂量高，是水稻家族中的一个著名优良稻种，一直是中国出口大米中的主要品种之一。

3．桃花米

桃花米产于四川省达州市宣汉县峰城区桃花乡。桃花米属带粳性的籼型稻米，品质精良。

桃花米的特点是米粒形状细长，腹白小，色泽白中显青、晶莹发亮。煮出的饭黏性适度，胀性强，油性适中，米不断腰，具有绢丝光泽，香气横溢，吃口滋润芳香，富有糯性。

4．香粳稻

香粳稻产于上海市青浦、松江，是水稻中的名贵品种。香粳稻的特点是色泽漂亮、腹白小、米质糯、适口性好、香味浓。用这种米做饭，清香扑鼻；煮粥，芳香四溢。香粳米含有丰富的蛋白质、铁、钙。它与桂圆、黑枣等同煮成粥，可作为隆冬腊月的进补食品。

5．万年贡米

万年贡米是江西省万年县传统名贵特产，因其古时曾作为纳贡之米而得名，可煮饭、做粥、酿酒。

万年贡米的特点是粒大体长（有三粒寸之称），形状如梭，色白如玉，质软不腻，味道浓香，营养丰富。据测定，万年贡米中蛋白质含量是普通大米的数倍，B族维生素和微量元素含量也高于普通大米。

6．东北大米

东北大米产地主要位于黑龙江的五常、盘锦、肇东等地，具有颗粒饱满、质地坚硬、色泽清白透明的特点，富含蛋白质、脂肪、维生素、矿物质等营养物质。东北大米蒸煮后出饭率高，饭粒油亮，香味浓郁，黏性较小，米质较脆。

嫩江湾大米：嫩江湾大米属长粒型的大米，米粒皎莹如玉，口味醇正芳香，直链淀粉含量高，又富含多种氨基酸及钙、铁、锌等人体不可缺少的微量元素，长期食用可起到医疗保健作用。

五常大米：五常大米是黑龙江粳稻的一种，属长粒型香米，米粒均匀饱满，质地坚硬，色泽光亮清白透明，口味醇厚绵长并散发特殊的清香，素有“贡米”之称。受产区独特的地理、气候等因素影响，五常大米直链淀粉含量适中，支链淀粉含量较高，对人体健康非常有益。

清水大米：清水大米是辽宁省沈阳市沈北新区特产，原产于该区清水台镇而得名。清水大米外观晶莹透明，米粒呈椭圆形，蒸煮时米饭浓香持久，饭粒完整、柔软油润。米饭冷后不硬且有黏性。大米成熟度好，糯性大，含有微量元素钾、镁极高，比普通大米含量高出 1/3 左右。

7．宁夏珍珠米

宁夏珍珠米颗粒饱满，色泽洁白，米质油润、味道香甜，富含蛋白质、脂肪等成分，营养丰富。用其蒸成的米饭，洁白晶莹、黏而不腻、味道极佳。清代时，宁夏珍珠米还被列为进献宫廷的贡米。

8．河龙贡

米河龙贡米指福建省宁化县河龙乡及周边地区生产的大米，因原产于河龙乡而得名。河龙贡米以粒细体长、形状似梭、色泽洁白、透明有润泽、饭软而不粘、凉饭不返生、米饭有清香味、营养丰富扬名四海，被誉为“米中珍品”，为宋代皇家贡米。

三、杂粮

（一）玉米

玉米，又称苞谷、棒子，我国栽培面积较广，主要产于四川、河北、吉林、黑龙江、山东等省。是我国主要的杂粮之一，为高产作物。

1．玉米的种类

玉米的种类较多，按其籽粒的特征和胚乳的性质，可分为硬粒型、马齿型、粉型、甜型、糯型；按颜色可分为紫色、黄色、黑色、白色和杂色玉米。东北地区多种植质量最好的硬粒型玉米，华北地区多种植适于磨粉的马齿型玉米。

硬粒型玉米：也称燧石种。籽粒四周和顶部为角质胚乳，中间为粉质胚乳。籽粒光泽坚硬。

马齿型玉米：籽粒四周为角质胚乳，中间和顶部为粉质。籽粒脱水后顶部凹陷，呈马齿状。

半马齿型玉米：这是硬粒型和马齿型玉米的中间类型，角质胚乳比硬粒型少，比马齿型多，顶部凹陷程度小。

粉质型玉米：也称软质型玉米。籽粒无角质淀粉，全部由粉质淀粉组成，形状像硬粒型玉米。

甜质型玉米：籽粒几乎全部为角质透明胚乳，含糖量高，品质优良，脱水后皱缩。

爆裂型玉米：籽粒小，坚硬，光滑，顶部呈尖或圆形。胚乳几乎全部由角质淀粉组成，加热后有爆裂性。

玉米的胚特别大，约占籽粒总体积的30%，它既可磨粉又可制米，没有等级之分，只有粗细之别。粉可做粥、窝头、发糕、菜团、饺子等；米（玉米渣）可煮粥、血饭。

2．新型玉米品种

糯质型玉米：也叫蜡质型玉米或黏玉米。糯玉米起源于我国西南地区，是我国普通玉米发生基因突变形成的。它是玉米属的一个亚种，是珍贵的玉米品种资源。糯质型玉米的籽粒多为不透明的白色，无光泽，角质和粉质层次不分，适口性好，富有黏、软、细、柔特点。科学家给它定名为“中国蜡质玉米”。

随着人民生活水平的改善和提高，糯质玉米及其产品也受到了消费者的关注。糯玉米营养丰富，其胚乳全为支链淀粉，蛋白质含量比普通玉米高3%～6%，赖氨酸、色氨酸含量均较高，具有重要的食用价值和开发前景。

鲜食糯玉米：乳蜡熟期收获的糯玉米，具有果穗鲜嫩、结实饱满、皮薄渣少、软黏清香、采收期较长、采收后不宜变质等特点。青嫩果穗可以烹饪菜肴，籽粒磨渣可做黏粥，磨粉可做糕点。我国西南地区的少数民族喜欢用糯质玉米做黏粥、糕点、果馅、汤圆、糍粑等。

紫香玉：紫香玉属中早熟品种，籽粒呈鲜紫色，糯性强。早春栽培，收获期85d左右，夏秋露地直播收获期78d左右。紫香玉含丰富的蛋白质、果糖、果胶、维生素，硒含量是普通玉米的8倍，水溶性黑色素是黑大米、黑小麦、黑芝麻的3倍，淀粉全部为支链淀粉，鲜食香、甜、黏，酿酒则口感香甜、回味悠长。

黑色甜糯玉米：黑色甜糯玉米被称为玉米家庭中的“保健黑牡丹”“宝贵黑珍珠”。它蛋白质含量比普通玉米高1.2倍，脂肪含量高1.3倍，硒含量高8～8.5倍，氨基酸含量均高于普通玉米。

黑甜糯玉米既是粗粮，又是美菜，还是新兴水果。它口感、风味、营养、保健等功能独特，不仅食用价值高且食用方式多，粮、菜、果、药皆宜。黑甜糯玉米可蒸煮鲜食，可加工贮藏，可制酒、醋、饮料，还可做黑色食品八宝粥。

（二）高粱

高粱又称木稷、蜀黍，主要产区是东北的吉林省和辽宁省，此外山东、河北、河南等省也有栽培，是我国主要杂粮之一。

高粱米粒呈卵圆形微扁，按品质可分为有黏性（糯高粱）和无黏性两种；按粒色可分为红色和白色两种，红色高粱呈褐红色，白色高粱呈粉红色，它们均坚实耐煮；按用途可分为粮用、糖用和帚用三种，粮用高粱米可供做饭、煮粥，还可磨成粉做糕团、饼等食品。

高粱的皮层中含有一种特殊的成分——单宁。单宁有涩味，能与蛋白质和消化酶形成难溶于水的复合物，影响食物的消化吸收。高粱米加工精度高时，可以消除单宁的不良影响，同时提高蛋白质的消化吸收率。

（三）小米

谷子去皮后为小米，又称黄米、粟米，主要分布于我国黄河流域及其以北地区。小米一般分为糯性小米和粳性小米两类，通常红色、灰色者为糯性小米；白色、黄色、橘红色者为粳性小米。一般浅色谷粒皮薄，出米率高，米质好；深色谷粒壳厚，出米率低，米质差。我国小米的主要品种有以下几种。

1．金米

金米产于山东省金乡县马坡一带，色金黄、粒小、油性大、含糖量高、质软味香。

2．龙山米

龙山米产于山东省章丘市龙山一带，品质与金米相似，淀粉和可溶性糖含量高于金米，黏度高、甜度大。

3．桃花米

桃花米产于河北省蔚县桃花镇一带。色黄、粒大、油润、利口、出饭率高。

4．沁州黄

沁州黄产于山西省沁县檀山一带。圆润、晶莹、蜡黄、松软甜香。小米可以熬粥、蒸饭或磨粉制饼、蒸糕，也可与其他粮食类混合食用。

（四）黑米

黑米属稻类中的一种特质米。籼稻、糯稻均有黑色种。黑米也分籼型和粳型两类。黑米又称紫米、墨米、血糯等。我国名贵的黑米品种有以下几种。

广西东兰墨米又称墨糯、药米。其特点是米粒呈紫黑色，煮饭糯软，味香而鲜，油分重。用它酿酒，酒色紫红，味美甜蜜，味香浓郁，营养价值高，是优质大米中的佼佼者。

西双版纳紫米因米色深紫而得名，分为米皮紫色、胚乳白色和皮胚皆紫色两种。其特点是做饭、煮饭后皆呈紫红色，滋味香甜，黏而不腻，营养价值较高，有补血、健脾及治疗神经衰弱等多种功能。

江苏常熟血糯又称鸭血糯、红血糯。血糯，呈紫红色，性糯味香腴。米中含有谷毗色素等营养成分，食用血糯有补血之功效。血糯分早血糯、晚血糯和单季糯。前两种是籼性稻，品质较差。常熟种植的多为单季血糯。其特点是米粒扁平，较粳米稍长，米色殷红如血。颗粒整齐，黏性适中，主要制作酒宴上的甜点心。

陕西洋县黑米是世界名贵的稻米品种。其特点是外皮墨黑，质地细密。黑米煮食味道醇香，用其煮粥黝黑晶莹，药味淡醇，为米中珍品，有“黑珍珠”的美称，是旅游饭店中畅销的食品。

（五）荞麦

荞麦，古称乌麦、花荞。荞麦籽粒呈三角米，以籽粒供食用。荞麦主产区分布在西北、东北、华北、西南一带的高寒地区。荞麦生长期短，适宜在气候寒冷或土壤贫瘠的地方栽培。

荞麦是我国主要的杂粮之一，用途广泛，籽粒磨粉可作面条、面片、饼子和糕点等。荞麦中所含的蛋白质与淀粉易于被人体消化吸收，因而是消化不良患者的良好的食品。

（六）莜麦

莜麦又称裸燕麦，是燕麦的一种，是一年生草本作物。主要分布在内蒙古阴山南北，河北省的坝上、燕山地区，山西省的太行、吕梁山区及西南大小凉山高山地带，以山西、内蒙古一带食用较多。莜麦是我国主要的杂粮之一，它的加工须经过“三熟”，即磨粉前要炒熟、和面时要烫熟、制坯后要蒸熟。

莜麦面有一定的可塑性，但无筋性和延伸性。莜麦面可做莜面卷、莜面猫耳朵、莜面鱼等。

（七）薏米

薏米，学名薏苡，又称苡米，因而又称“药玉米”。薏米耐高湿，喜生长于背风向阳和雾期较长的地区，凡全年雾期在 100d 以上者，薏米就产量高、质量好。我国广西、湖北、湖南产量较高，其他地区也广有栽培。成熟后的薏米呈黑色，果皮坚硬，有光泽，颗粒沉重，果形呈三角状，出米率 40%左右。薏米的主要优质品种有以下几种。

广西桂林的薏米其特点是种子纯、颗粒大。

关外米仁关外米仁产于辽宁东部山区及北部平原地区。产量虽然不高，但品质精良。其特点是颗粒饱满、色白质净、入口软清。

（八）薯类

1．马铃薯

亦称土豆、洋山芋。性质软糯、细腻，去皮煮熟捣成泥后，可单独制成煎炸类点心，也可与米粉、熟澄粉掺和，制成薯蓉饼、薯蓉卷、薯蓉蛋，及各种象形水果，如像生梨等。

2．山药

亦称地栗。山药质地爽脆呈透明状，口感软滑而带有黏性，可制作山药糕和芝麻糕。也可煮熟去皮捣成泥后与淀粉、面粉、米粉掺和，制作各种点心。

3．芋头

又称芋艿。芋头性质软糯，蒸熟去皮捣成芋头泥，与面粉、米粉掺和后，可制作各式点心，以广西、广东的品种最佳。

4．甘薯

又称红苕，是我国主要杂粮之一。甘薯含有大量的淀粉，质地软糯，味道香甜。甘薯有红瓢、白瓢和黄瓢等品种。一般红瓢和黄瓢品种含水分较多，白瓢较干爽，味甘甜。蒸熟后去皮与澄粉、米粉搓擦成面坯，包馅后可煎、炸成各种小吃和点心。

（九）豆类

1．绿豆

绿豆的品种很多，以色浓绿、富有光泽、粒大整齐的品质最好。绿豆除可做饭、粥、羹等食品外，还可以磨成粉，制成绿豆糕、绿豆面、绿豆煎饼等，同时绿豆粉还可做绿豆馅。

2．赤豆

赤豆又名红小豆，以粒大皮薄，红紫有光，豆脐上有白纹者品质最佳。赤豆性质软糯、沙性大，可做红豆饭、红豆粥、红豆凉糕等，也可用于制作馅心。

3．黄豆

黄豆又名大豆，含蛋白质、脂肪丰富，具有很高的营养价值。黄豆粉黏性差，与玉米面掺和后可使制品疏松、暄软。成品有团子、小窝头、驴打滚及各种糕饼等。

4．豌豆、芸豆

这些豆类一般具有软糯、口味清香等特点，煮熟（或捣泥）后可做各种点心，如豌豆黄、芸豆卷等。

第二节　常用辅助原料

中式面点工艺中，能够辅助主坯原料成坯、改变主坯性质、使成品美味可口的原料，称为辅助原料。常用的辅助原料有糖、盐、乳、鸡蛋和油脂等。

一、糖的物理性质与运用

中式面点工艺中常用的糖有蔗糖、饴糖（麦芽糖）和蜂蜜。

（一）蔗糖

蔗糖包括白砂糖、绵白糖、冰糖和红糖。

1．蔗糖的基本性状

白砂糖：白砂糖色泽洁白明亮，晶粒整齐、均匀坚实，水分、杂质、还原糖的含量均低。由于生产中经过漂白、脱色，因而是蔗糖中的佳品。白砂糖具有熔点高、晶粒粗大的特点。面点工艺中用其制作烤制品，相对不易上色；还可以用其做点心的冰花装饰，如制作冰花蛋球等。

绵白糖：绵白糖色泽洁白而带有光泽，晶粒细小而绵软，溶化快，易达到较高浓度。面点工艺中常将绵白糖与面粉一起混合调制主坯。绵白糖还可以用于装饰花色点心，以求清爽、沙甜，如制作荷花酥、芙蓉糕等。

冰糖：冰糖色白透明，呈结晶块，颗粒粗大、坚实。它是白糖的再结晶产品。面点工艺中常用于制作馅心，食用时发出清脆声。

红糖：红糖呈赤褐色或黄褐色，有颗粒状和块状，略带糖蜜味，营养丰富，含铜、铁等矿物质较多。由于红糖本身所含的色素较多，能改变面点的色泽，所以在面点工艺中，应先将其溶成糖水，滤去杂质后再用。

2．蔗糖在中式面点工艺中的作用

增加甜味，调节口味，提高成品的营养价值。

供给酵母菌养料，调节面坯发酵速度，使酵母蓬松性面坯起发增白。如酵母发酵面坯中加入适量的糖，有利于面坯的发酵。

改善点心的色泽，美化点心的外观。

调节主坯面筋的湿润度，保持成品的柔软性。

具有一定的防腐作用，能延长成品的保存期。

（二）饴糖

饴糖的主要成分是麦芽糖，因而人们也常称其为麦芽糖。广式点心工艺中还称其为米稀或糖稀。

1．饴糖的基本性状

饴糖色泽较黄，呈半透明状，具有高度的黏稠性，甜味较淡。用大米制得的饴糖，色黄、质量好；用白薯淀粉为原料制得的饴糖，色较深，其气味、质量较差。

2．饴糖的作用

增进面点成品的香甜气味，增加点心品种，使成品更具光泽。

提高制品的滋润性和弹性，起绵软作用。

抗蔗糖结晶，防止上浆制品发烊、返砂。

（三）蜂蜜

蜂蜜又称蜂糖，为黏稠、透明或半透明的胶体状液体，相对密度 1.40。优良品质的蜂蜜用水调节后静置 1 天，没有沉淀物。蜂蜜含糖、铁、铜、锰等营养物质较高，因而具有提高成品营养价值的作用。另外，它还可增进点心成品的滋润性和弹性，使成品膨松、柔软，独具风味。

二、食盐的物理性质与运用

（一）食盐的性状

食盐一般分为粗盐、洗涤盐和再制盐。

1．粗盐

粗盐是海水中直接制得的食盐晶体。它颗粒粗大，难于溶解，含杂质较多，略带苦涩味。

2．洗涤盐

洗涤盐是粗盐经水洗涤后的产品。洗涤盐颗粒较小，易于溶解。

3．再制盐

又称精盐。再制盐是粗盐经溶解、饱和、除杂、再蒸发后的产品。再制盐晶体呈粉末状，颗粒细小，色泽洁白，含杂质少。

（二）食盐的作用

食盐可改变主坯中面筋的物理性质，增强主坯的筋力，如抻面主坯中放适量的盐，可使主坯更有筋力、劲大。

食盐的渗透压作用可使主坯组织结构变得细密，使主坯显得洁白。

食盐可促进或抑制酵母的繁殖，达到调节主坯发酵速度的作用。

三、油脂的物理性质与运用

（一）油脂的性状

中式面点工艺中较常用的油脂有猪油、黄油和各种植物油。

1．猪油

又称大油。猪油呈白色软膏状，有光泽，味香，无杂质，含脂肪约99%。中式面点工艺中常用其作酥皮类、单酥类的点心。用其炸制食品，成品色较白。

2．黄油

黄油色淡黄，常温下呈软膏状，具有特殊的香味。黄油有良好的乳化性、起酥性和可塑性。面点工艺中常用其制作口酥类的点心，效果较好。

3．植物油

各种植物色拉油由于经过脱色、脱味工艺，因而品质较高，没有植物本身的味道和较深的色泽。但是各种植物油原油色泽一般较深，呈液态，有植物本身特有的气味，凝固点一般较低。面点工艺中常用于拌馅和作为熟制时的传热媒介。

（二）油脂的作用

油脂可增加香味，提高成品的营养价值。

油脂可使面坯润滑、分层或起酥发松。

油脂的乳化性可使成品光滑、油亮、色均，并有抗老化作用。

油脂可降低黏着性，便于工艺操作。

油脂可作为传热介质，使成品达到香、脆、酥、松的效果。

四、牛乳及其制品的物理性质与运用

（一）牛乳及其制品的基本性状

中式面点工艺中常用的乳类及其制品有：牛乳、炼乳和乳粉。

1．牛乳

牛乳呈不透明的乳白色（或白中微黄），有乳香味，无苦涩味、酸味、鱼腥味，相对密度为 1.028～1.034，加热后不发生凝固现象。面点工艺中用牛乳调制主坯或拌馅，不仅使成品有乳香味，且使成品色白。

2．炼乳

炼乳有甜炼乳和淡炼乳两种，它是牛乳经消毒、浓缩、均质而成。炼乳有奶香味和良好的流动性，组织细腻，色白或淡黄。面点工艺中常用它做“少司”，如金银馒头、炸鲜奶等。

3．乳粉

乳粉有全脂乳粉和脱脂乳粉两种。乳粉是牛乳经浓缩和喷雾干燥制成的粉粒，色较白，有乳香味。

（二）牛乳及其制品作用

牛乳可提高面点制品的营养价值。

牛乳可改善主坯性能，提高产品的外观质量。

牛乳可增加成品的奶香气味，使其风味清雅。

牛乳可提高成品抗老化的能力，延长成品的保存期。

五、鲜蛋的物理性质与运用

（一）鲜蛋的性状

中式面点工艺中最常见的鲜蛋是鸡蛋、鸭蛋，鹌鹑蛋一般使用较少。鲜鸡蛋的蛋白呈无色透明的黏性半流体，显碱性，蛋黄呈黏稠的不透明液态，密度较小，常显弱酸性，色泽淡黄或深黄。

（二）鲜鸡蛋的作用

鲜蛋可提高成品的营养价值，增加成品的天然风味。

蛋清的发泡性能可改变主坯的组织状态，提高成品的疏松度和柔软性，如各式蛋糕即是利用这一点制成的。

蛋黄的乳化性能可提高成品的抗老化能力，延长成品保存期。

蛋液可改变面坯的颜色，增加成品的色彩，如各式烘烤类点心，入炉前在其表面刷上一层蛋液，即是为了使成品色泽金黄发亮。

第三节　食品添加剂

食品添加剂是指为改善食品品质和色、香、味，以及为防腐、保险和加工工艺的需要而加入食品中的人工合成或者天然物质。营养强化剂、食品用香料、胶基糖果中基础剂物质、食品工业用加工助剂也包括在内。

食品添加剂按其来源可分为天然食品添加剂和化学合成食品添加剂两大类，目前我国使用较多的是化学合成添加剂。天然食品添加剂是利用动植物或微生物的代谢产物等为原料，经提取所得的天然物质。化学合成添加剂是通过化学手段，使元素或化合物发生氧化、还原、缩合、聚合、成盐等合成反应所得到的物质。

食品添加剂按其用途可分为着色剂、膨松剂、香精香料、防腐剂、增稠剂、乳化剂等。

一、着色剂

着色剂是使食品着色和改善食品色泽的物质。中式面点工艺中一般将着色剂称为食用色素。它是以食品着色为目的的食品添加剂。按其来源和性质，通常包括食用合成色素和食用天然色素两大类。

（一）食用合成色素

食用合成色素主要指用人工化学合成方法所制得的有机色素。它们一般是以煤焦油为原料制成，故通称煤焦色素或苯胺色素。目前世界各国允许使用的合成色素几乎全是水溶性色素。此外，在许可使用的食用合成色素中，还包括它们各自的色淀。色淀是由水溶性色素沉淀在许可使用的不溶性基质（通常为氧化铝）上所制备的特殊着色剂。

1．食用合成色素的一般性质

溶解性：影响合成色素溶解度的因素主要有温度、水的 pH 值、食盐等盐类和水的硬度。

温度：水溶性色素的溶解度随温度的上升而增加，但增加量依色素的不同而不同。

pH 值、食盐及盐类：一般 pH 值低的情况下，溶解度降低；盐类可发生盐析作用，降低其溶解度。

水的硬度：水的硬度高，易使色素变成难溶解的色素沉淀。

染着性：食品的色素可分为两种情况：一种是使之在液体或酱状的食品基质中

溶解，混合成分散状态；另一种是染着在食品的表面。后者要求对基质有一定的染着性，希望能染着在蛋白质、淀粉及其他糖类的上面。不同色素的染着性不同。

稳定性：稳定性是衡量食品色素品质的主要指标。影响合成色素稳定性的因素主要有热、酸、碱、氧化、日光、盐、细菌等因素。

耐热性：色素的耐热性与共存的物质糖类、食盐、酸、碱等有关。当与上述物质共存时，多促使其变色、褪色。

耐碱性：使用碱性膨松剂的糕点，要考虑色素的耐碱性问题。这些食品都需要高温处理，所以影响较大。

耐酸性：合成色素在酸性较强的溶液中可能形成色素沉淀或引起色变。

耐氧化性：合成色素的耐氧化性与空气的自然氧化、氧化酶的影响、含游离氧或残存次氯酸钠的用水、共存的重金属离子等有关。

还原性：合成色素可因还原作用而褪色。

耐日光性：合成色素的耐日光性随水的性质及与色素共存物质的种类不同，有所差异。

耐盐性：主要是腌渍制品合成色素耐盐性问题。不同的色素在不同的盐浓度条件下，稳定性不同。

耐细菌性：不同的合成色素对细菌的稳定性不同。

2．常用的合成色素

我国目前允许使用的合成色素主要有苋菜红、胭脂红、诱惑红、赤苏红、柠檬黄、日落黄、靛蓝、亮蓝和它们各自的铝色淀，以及酸性红、β-胡萝卜素、叶绿素铜钠和二氧化钛等。其中，β-胡萝卜素是用化学方法合成的、在化学结构上与自然界发现的完全相同的色素。叶绿素铜钠则是由天然色素叶绿素经一定的化学处理所得的叶绿素衍生物。至于二氧化钛，则是由矿物材料进一步加工制成。

近年来，由于食用合成色素的安全性问题，各国实际使用的品种数正在逐渐减少。以下介绍一些中式面点制作中经常使用到的食用合成色素。各食用合成色素的使用特定条件和在某类食品中的最大限量详见《食品添加剂使用标准》（GB2760—2014）。

①苋菜红

性状：红褐色或暗红褐色均匀粉末或颗粒，无臭；耐光、耐热性强；对柠檬酸、酒石酸稳定，在碱液中则变为暗红色；易溶于水，呈带蓝光的红色溶液，可溶于甘油，微溶于乙醇，不溶于油脂；遇铜、铁易褪色；易被细菌分解；耐氧化、还原性差；不适于发酵食品应用。

使用注意事项：采用玻璃、搪瓷、不锈钢等耐腐蚀的清洁容器盛装。粉状着色剂宜先用少量冷水打浆后在搅拌下缓慢加入沸水。所用水必须是蒸储水或去离子水，以避免钙离子的存在引起着色剂沉淀。尽量采用稀溶液，可避免不溶的着色剂存在。采用自来水时应煮沸赶气、冷却后使用。过度暴晒会导致着色剂褪色，因而要避光，贮于暗处或不透光容器中。同一色泽的色素如混合使用时，其用量不得超过单一色素允许量。

②赤藓红

性状：红至红褐色均匀粉末或颗粒，无臭；耐热（105℃）、耐还原性好，但耐光、耐酸性差，在酸性溶液中可发生沉淀，碱性条件下较稳定；对蛋白质染着性好。易溶于水呈樱桃红色；可溶于乙醇、甘油和丙二醇，不溶于油脂。

使用注意事项：本品在酸性条件下可发生沉淀。其他参见苋菜红。

③胭脂红

性状：红至深红色均匀粉末或颗粒，无臭；耐光、耐热性（105℃）尚好，对柠檬酸、酒石酸稳定；耐还原性差，遇碱变成褐色；易溶于水呈红色溶液，溶于甘油，难溶于乙醇，不溶于油脂。

使用注意事项：参见苋菜红。

④柠檬黄

性状：为橙黄至橙色均匀粉末或颗粒，无臭；易溶于水（10g/100mL，室温）、甘油、乙二醇，微溶于乙醇、油脂；耐光性、耐热（105℃）性强，在柠檬酸、酒石酸中稳定；水溶液为黄色，遇碱稍变红，还原时褪色。

使用注意事项：参见苋菜红。

⑤靛蓝

性状：呈深紫蓝色或深紫褐色均匀粉末，无臭；溶于水（1.1%），呈深蓝色溶液，溶于甘油、乙二醇，难溶于乙醇、油脂。对光、热、酸、碱、氧化均很敏感，耐盐性、耐细菌性较弱，遇次硫酸钠、葡萄糖、氢氧化钠还原褪色。

使用注意事项：参见苋菜红。

⑥亮蓝

性状：红紫色均匀粉末或颗粒，有金属光泽，无臭；易溶于水（18.7g/100mL，21℃），呈绿光蓝色溶液，溶于乙醇（1.5g/100mL，95%乙醇）、甘油、丙二醇；耐光、耐热性强；对柠檬酸、酒石酸、碱均稳定。

使用注意事项：参见苋菜红。

⑦叶绿素铜钠盐

性状：本品为叶绿素铜钠的混合物，呈墨绿色粉末，无臭或略臭；易溶于水，水溶液呈蓝绿色，透明、无沉淀；1%溶液 pH 值为 9.5～10.2，当 pH 值在 6.5 以下时，遇钙可产生沉淀；略溶于乙醇和氯仿，几乎不溶于乙醇和石油醚。本品耐光性比叶绿素强，加热至 110℃以上则分解。

使用注意事项：叶绿素铜钠盐使用中如遇硬水或酸性食品或含钙食品，可产生沉淀，应予以重视。

（二）食用天然色素

食用天然色素是来自天然物且大多是可食资源，利用一定的加工方法所获得的有机着色剂。它们主要是由植物组织中提取，也包括来自动物和微生物的一些色素，品种甚多。但它们的稳定性等一般不如人工合成色素。人们认为其安全性比合成色素高，尤其是来自水果、蔬菜等食物的天然色素，更是如此，故近年来发展很快，各国许可使用的品种在不断增加。我国主要的天然食用色素有：辣椒红、栀子黄、紫胶红、红花黄、姜黄素、栀子蓝等。

1．食用天然色素的一般特性

食用天然色素与食用合成色素相比，具有以下特点。

优点：天然色素多来自动植物本身，因而使用时安全可靠。有些天然色素本身就是食品的正常成分，因而对人体还兼有营养和疗效作用，色调自然。

缺点：天然色素多难溶解，不易染着均匀。因为是从天然物中提取的，受共存成分的影响，有时有异味。随 pH 值的变化，有时有色调变化。染着性差，某些天然色素有与基质反应而发生变色的情况。难以用不同色素配制出任意的色调。在加工及贮存中，由于外界因素的影响多易劣变。

2．常用天然色素

辣椒红：又称辣椒红色素。它是从红辣椒中提取精制而成的一种深红油状黏性液体色素，溶解于食用油，不溶于水；耐光性差，紫外光可促使其褪色；对热稳定，160℃加热 2h 几乎不褪色；铁、铜离子可使其褪色；遇铝、铅离子发生沉淀，此外几乎不受其他离子影响；着色力强，色调因稀释浓度不同由浅黄至橙红色。

使用注意事项：应尽量避光，抗坏血酸对本品有保护作用。

红花黄：红花黄是用菊科植物红花的花瓣经精制干燥而得的一种黄色或棕黄色粉末色素。红花黄易吸潮，吸潮后呈褐色；易结块，但不影响使用效果；熔点 230℃，易溶于冷水、热水、稀乙醇，几乎不溶于无水乙醇，不溶于油脂。本品的极稀水溶液是鲜艳黄色，随色素浓度增加其色调由黄转向橙黄色，在酸性溶液中呈黄色，在碱性溶液中呈黄橙色。水溶液的耐热性、耐还原性、耐盐性、耐细菌性均较强，耐光性较差。水溶液遇钙、锡、镁、铜、铝等离子会褪色或变色，遇铁离子可使其发黑。红花黄对淀粉着色性能好，对蛋白质着色性能较差。

使用注意事项：红花黄可以直接溶于水使用，可与抗坏血酸合用，以提高色素的耐光和耐热性。

栀子黄：又称藏花素。栀子黄用茜草科植物栀子的果实去皮、破碎，用水或乙醇水溶液抽提、精制而得。栀子黄呈橙黄色膏状或红棕色结晶粉末，微臭，易溶于水，不溶于油脂；水溶液呈弱酸性或中性，其色调几乎不受环境 pH 值变化的影响，pH 值为 4.0～6.0 或 8.0～11.0 时，本色素比β-胡萝卜素稳定，特别是偏碱性条件下黄色更鲜艳，中性或偏碱性时该色素耐光性、耐热性均较好，而偏酸性时较差，容易发生褐变；耐金属离子（除铁离子外）较好，铁离子有使其变黑的倾向；耐盐性、耐还原性、耐微生物性均较好；对蛋白质、淀粉着色均较稳定（蛋白质着色力优于淀粉）；糖对本品有稳定作用。

使用注意事项：栀子黄配制成水溶液使用或直接使用浸膏或粉末；铁离子能使色素变黑；不易用于酸性液体，否则褪色。

栀子蓝：栀子蓝是以栀子果实为原料经酶处理后制成的蓝色素，呈蓝色粉末，几乎无臭无味；易溶于水，呈鲜明蓝色，pH 为 3～8 范围内色调无变化；耐热，经 120℃、60min 不褪色；吸湿性弱，耐光性差；对蛋白质染色力强。

使用注意事项：在使用中为克服其耐光性差的问题，应注意避光保存和选择适宜的包装容器。

姜黄素：又称姜黄色素。它是用多年生草本植物姜黄的地下根茎精制而得的橙黄色结晶性粉末。姜黄素具有姜黄特有的香辛气味，易溶于水和碱性溶液，不溶于冷水；中性或酸性条件下呈黄色，碱性条件下呈红褐色；对光十分敏感，且光照射使黄色迅速变浅，但不影响其色调，对热较稳定；与铁离子可以结合成螯合物，导致变色；易因氧化而变色，但耐还原性好，着色力强，尤其对蛋白质着色力强。

使用注意事项：姜黄素使用时要先用 95%的少量乙醇溶解后，再加水配制成所需浓度的溶液使用；耐光性差，注意避光保存。

紫胶红：又称虫胶红。紫胶红是紫胶虫在某种植物上分泌的紫胶中的一种色素成分，为鲜红色粉末。紫胶红纯度越高，在水中溶解度越小；在酸性时对光和热稳定；色调随 pH 改变而改变（pH<4.5 时为橙黄色，pH 为 4.5～5.5 时为红色，pH>5.5 时为紫红色，pH>12 的环境下放置则褪色）；易溶于碱液，对金属离子不稳定，特别是铁离子含量在 1mg/kg 以上时，使色素变黑。

使用注意事项：因其对金属离子特别是铁离子敏感，使用中应尽量避与金属离子特别是铁离子接触；适于在偏酸性食品中使用，对人的口腔黏膜着色力较强。

此外，最近还有人将人工化学合成、在化学结构上与自然界发现的色素完全相同的有机色素，如β-胡萝卜素等，归为第三类食用色素，即天然等同的色素。

（三）食用色素的储存

1．合成色素

合成色素因吸湿性强，应存于干燥、阴凉处。如长期保存，应装于密封容器中，防止受潮变质。

2．天然色素

天然色素一般应在密封、避光、阴凉处保存，不可直接接触铜、铁质容器。根据我国《食品添加剂使用标准》（GB2760—2014）规定。

二、膨松剂

膨松剂是中式面点工艺中经常使用的添加剂。它是指在面点加工工艺中受热分解，产生气体，使面坯起发，形成致密多孔组织，从而使面点制品具有膨松、柔软或酥脆性质的一类化学物质。膨松剂分为化学膨松剂和生物膨松剂两大类。

化学膨松剂可分为两类：一类是碱性膨松剂，如碳酸氢钠（$NaHCO_3$）和碳酸氢铵（NH_4HCO_3）；另一类是复合膨松剂，如发酵粉等。常用的生物膨松剂也有两种，即压榨鲜酵母和活性干酵母。另外，我国传统工艺广泛使用的面肥，因含有酵母菌，也可算作一种生物膨松剂。

（一）膨松剂必须具备的条件

安全性高且价格低廉。这是膨松剂的最基本要求。

具备能以较低的使用量产生较多的气体的特性。

在冷的面坯中其气体产生较慢，而加热时则能均匀地产生大量的气体。

加热分解后的残留物不影响成品风味和质量。

贮存、运输方便，在贮存期间不易分解失效。

（二）膨松剂的理化性质

1．化学膨松剂

碳酸氢钠（$NaHCO_3$）：碳酸氢钠俗称小苏打、食粉。它呈白色粉末状，味微咸，无臭味；在潮湿或热空气中缓缓分解，放出二氧化碳，分解温度60℃，加热至270℃时失去全部二氧化碳，产气量约261mL/g；pH为8.3，水溶液呈弱碱性。碳酸氢钠遇热后的反应方程式是：

$$NaHCO_3 \rightarrow Na_2CO_3 + CO_2 \uparrow + H_2O$$

碳酸氢铵（NH_4HCO_3）：碳酸氢铵俗称臭粉、臭起子。它呈白色粉状结晶，有氨臭味；对热不稳定，在空气中风化，在60℃以上迅速挥发，分解出氨、二氧化碳和水，产气量约为700mL/g；易溶于水，稍有吸湿性，pH为7.8，水溶液呈碱性。碳酸氢铵遇热后的化学反应方程式是：

$$NH_4HCO_3 \rightarrow NH_3 \uparrow + CO_2 \uparrow + H_2O$$

发酵粉：发酵粉也称泡打粉。它是由酸剂、碱剂和填充剂组合的一种复合膨松剂。发酵粉的酸剂一般为磷酸二氢钙，碱剂一般为碳酸氢钠，填充剂一般使用淀粉。

发酵粉的膨松机理为：在发酵粉中主要是酸剂和碱剂遇水相互作用，产生二氧化碳；填充剂的作用在于增加膨松剂的保存性，防止吸潮结块和失效，同时也有调节气体产生速度或是起泡均匀产生等作用。发酵粉呈白色粉末状，无异味，由于添加有甜味剂，略有甜味；在冷水中分解，放出二氧化碳；水溶液基本呈中性，二氧化碳散失后，略显碱性。

2．生物膨松剂

压榨鲜酵母：压榨鲜酵母呈块状，乳白或淡黄色；具有酵母特殊的味道，无腐败气味，不黏，无其他杂质；含水量75%以下，较易酸败；发酵力较强。

活性干酵母：活性干酵母呈小颗粒状，一般为淡褐色；含水量10%以下，不易酸败；发酵力强而均匀。

面肥：指含有酵母的面头，行业里也称其为老肥、老面。面肥中除含有酵母菌外，还含有乳酸菌、醋酸菌等杂菌。

3．膨松剂的使用

碳酸氢钠与碳酸氢铵碳酸氢钠分解后残留碳酸钠使成品呈碱性而影响口味，使用不当会使成品表面有黄斑点。碳酸氢铵分解后产生带强烈刺激味的氨气，虽然极易挥发，但成品中仍可残留一些，从而带来一些不良风味。

此外，食品中的维生素在碱性条件下加热容易被破坏，因此，要适当控制碳酸氢钠和碳酸氢铵的用量。碳酸氢钠一般应控制在1.5%以内，碳酸氢铵应控制在1%以内。

发酵粉发酵粉在冷水中即可分解，产生二氧化碳，因而在使用时应尽量避免与水过早接触，以保证正常的发酵力。

酵母使用时一般需加入30℃的温水将其溶成酵母液，再加入少许糖或酵母营养盐，以恢复其活力，再与面粉和成面坯。应注意避免酵母液直接与食盐、高浓度的糖液、油脂等物质混合，因为食盐、高浓度糖的渗透压作用会使酵母内的内生水遭破坏，从而降低酵母的活性。

三、食品香料与食品香精

（一）食品香料

食品香料是指用于调配食品香精，并使食品增香的物质。中式面点工艺中使用食品香料不仅能够增进食欲，有利于消化吸收，而且对增加面点制品的花色品种和提高质量都具有很重要的作用。

食品香料属于食品添加剂之一，按其来源和制造方法不同，通常分为天然食品香料和合成食品香料两大类，而合成食品香料又有天然等同食品香料和人造食品香料之分。

1．天然食品香料

天然食品香料指完全用物理方法从植物或动物原料中获得的具有香味的化合物。其中以单一成分为主的香料产品称为单体香料，例如从香荚兰豆中获得的香兰素，从薄荷中获得的薄荷脑等。

动物香料：动物香料是以动物分泌物、动物加工制品为原料，经过浓缩或干燥制得的膏状、粉状产品。由于动物香料一般以畜肉、禽肉、鱼、虾、蟹、贝为原料，因而常在面点的制馅工艺中使用。

植物香料：植物香料是指从植物的花、果、籽、叶、茎、根、树皮、树干或分泌物中获得的一类香味产品。它包括植物渗出物和植物芳香油两种。

植物芳香油也称为精油。它是从天然芳香植物中提炼的一类香味料产品，如：香茅油、枝叶油、薄荷油和留兰香油等。植物芳香油一般为油状液体和膏体，极少数呈固状。产品的形态取决于制备方法和所含成分。

2．合成食品香料

合成食品香料指以化工原料或某一单体香料为原料，经过化学反应制得的香料产品。这些香料多是存在于天然水果、蔬菜、牛奶或加工食品中的香气成分，少数品种尚未在天然食品中发现，只有类似某种食品香味特征。

天然等同食品香料：天然等同食品香料指从芳香原料中用化学方法离析出来的或是用化学方法制取的香味物质。它们在化学成分上与供人类食用的天然产品（不管是否加工过）中存在的物质相同，这类香料品种很多，占食品香料的大多数，对调配食品香精十分重要，例如用化学方法合成的香兰素等。

人造食品香料：人造食品香料指在供人类消费的天然产品（不管是否加工过）中尚未发现的香味物质。此类香料品种较少，均是用化学合成方法制成且其化学结构迄今在自然界中尚未发现存在，但它们往往是天然物的同系物，大多经过一定的毒理试验和评价。人们对它们的分子结构、特征、代谢途径等大多搞得比较清楚，使用实践又证明它们是安全的。

食品香料是一类特殊的食品添加剂，其品种多、用量小，大多存在于天然食品中。由于其本身强烈的香和味，在食品中的用量常受自我限制。目前世界上所使用的食品香料品种近2000种。我国已经批准使用的品种也在1000种以上。

（二）食品香精

天然香料与合成香料多数都不能单独使用，由数种或数十种香料调配成符合某种产品需要的混合香料才能使用。这样的混合香料称为调和香料，我国称其为香精。

食品香精是由芳香物质、溶剂或载体以及某些食品添加剂组成的具有一定香型和浓度的混合体。其中的溶质（芳香物质）是天然香味物质、天然等同的香味物质和人造香味物质。溶剂有食用乙醇、蒸储水、丙二醇、精制食用油和三乙酸甘油酯等，含量通常占50%以上，目的是使香精成为均一产品并达到规定的浓度。载体有蔗糖、葡萄糖、糊精、食盐和二氧化硅等。主要用于吸附或喷雾干燥的粉末状食品香精中。

食品香精在形态上可以是液体或浆体，也可以是粉末。并可以从不同的角度进行不同的分类。

1．食品香精的分类

随着餐饮业的发展，餐饮食品的种类越来越多。为适应食品种类的需要，香精

也从最初的透明状（水溶性、油溶性）液体发展到乳状体、膏状体和粉末

水溶性香精：水溶性香精一般为澄清液体，通常也称水质香精。在一定的比例下，可在水中完全溶解，溶液透明澄清，香气比较飘逸，适用于以水为介质的食品，如 100～120℃的煮制品。

油溶性香精：油溶性香精通常也称为耐热性香精。其特点是香气比较浓郁、沉着和持久，香味浓度较高。它相对来说不易挥发，适用于较高温度操作工艺的食品加香，如饼干和糕点等，如 160～280℃的烤、炸制品。

乳化香精：其外观呈乳浊状，加入水溶液中能迅速分散并使之呈混浊状态，适用于需要浑浊度的果酱等。

微胶囊香精：微胶囊香精通常为粉状香精。其特点是对香精中易于氧化、挥发的芳香物质可起到很好的保护作用，从而延长加香产品的保质期，又适用于粉末状食品的加香，如慕斯粉、蛋糕粉等。

2．食品香精的作用

辅助作用：某些食品，由于香气不足，需要选用与其香气相适应的香精来辅助其香气。如苹果馅可能因苹果加热而苹果味不足，在点心中加入苹果味的香精起到辅助作用。

稳定作用：天然产品的香气，往往因受地理、季节、气候、土壤、栽培、采收和加工等的影响而不稳定。而香精的香气基本上每批稳定，加香后可对天然产品的香气起到一定的稳定作用。

补充作用：某些面点馅料如果酱、果脯在加工过程中可损失其原有的大部分香气，需要选用与其香气特征相对应的香精进行加香，使香气得到补足。

赋香作用：某些食品本身没有什么香味，如饼干等，通常选用具有明显香型的香精，使成品具有一定类型的香味和香气。如水果慕斯，慕斯本身并无味，加入什么香精就是什么味的慕斯。

矫味作用：某些食品具有令人难以接受的气味，通过选用合适的香精矫正其气味，使人乐于接受。如多数面点师在做蛋糕类的点心时，习惯在蛋泡糊中加入香精以矫正鸡蛋的蛋腥味。

替代作用：当直接用天然品有困难时（原料供应不足、价格成本过高或加工工艺困难等），用相应的香精来代替或部分代替。

3．使用香精的注意事项

香精有多种类型，使用时要注意以下几点。

香精的选择：不同基质的食品或不同形态的食品，要选择相适应的香精。例如，糖果、糕点等高温制作的食品，应使用油质香精；透明饮料使用水质香精；浑浊型饮料使用乳化香精；粉状食品使用粉末香精。

香精在食品中要分散均匀：液体食品中，香精加入后经过搅拌就容易分散均匀。

固体食品中香精分散均匀难度较大。

香精的用量要适当：同一香型的香精由不同厂家生产，香气强弱也不会相同。通常在确定配方时，进行小样试验以确定某型号香精的用量比例。用量太少，食品的香味淡，起不到应有的效果；用量过多，食品的香味太浓，也会使人吃起来感到不愉快。

加香温度要适当：各类食品加工过程不同，尤其是温度高时，或水分大量蒸发时，香精的挥发损失很大。加入香精应在温度尽可能低的情况下，迅速加入，迅速达到均匀，缩短香精受热时间。加入香精的配料设备最好是有盖封闭，不敞口的。

不同类型的香精切勿相混：油质香精、水质香精或乳化香精是食品加工厂常用的香精。它们可以分别用于某些食品中，但不宜混合一起使用，因为这样会影响食品的外观。

4．香精的保管

适时、适量进货：香精是食品生产厂常用的原料，应尽可能随用随进货。短时间内用不完，有少量的贮备货物应注意保管好。个别食品生产厂对香精性质不了解，一次就进几千克货，足够用几年，时间长而变质，造成很大损失。

阴凉、干燥、避光储存：香精中有多种易挥发的成分，原包装的香精启开封口使用后，应及时将盖拧紧，防止香气挥发失去平衡，同时也防止与空气接触发生氧化。如水质香精会因乙醇挥发变得浑浊而产生分层；油质香精会因氧化逐渐加重有哈喇味；乳化香精怕冻，解冻后的乳化香精，乳化体会受到破坏，再用于液体馅心中就会出现沉淀。所有的香精都应储存在阴凉、干燥处，避免阳光照射。

（三）面点工艺中使用的香料、香精

1．肉桂油

基本性状：由中国肉桂的枝、叶或树皮或籽用水蒸气蒸馏法提取制成。粗制品是深棕色液体，精制品为黄色或淡棕色液体。放置日久或暴露于空气中，会使油色变深、油体变稠，严重的会有肉桂酸析出。肉桂油可溶于冰乙酸和乙醇。

使用量：焙烤食品中最大使用量为73mg/kg。

2．玫瑰花油

基本性状：由多种新鲜玫瑰花经水蒸气蒸偕制得。玫瑰花油为无色至黄色液体，25℃时为黏稠液体，在逐渐冷却过程中，变为半透明结晶状固体，加热时会液化。

使用量：焙烤食品中最大用量为1.2mg/kg。

3．留兰香油

基本性状：用水蒸气蒸偕法从留兰香带花絮的茎叶中提油。为无色至黄色、黄绿色液体。具有甜清带凉的轻微药草香气，与新鲜的留兰香叶片的香气一样。

使用量：焙烤食品中最大用量为270 mg/kg。

4．甜橙油

基本性状：甜橙油是用冷磨法或冷榨法或水蒸气蒸馏法从甜橙全果中或果皮中提取。甜橙油为橘黄色至深橘黄色液体，甜青果香、柑香香气，可与无水乙醇混溶，久存易变质。

使用量：焙烤食品中最大用量为440mg/kg。

5．香草粉

基本性状：香草粉是白色至极微黄色结晶，具有香荚兰豆特有的香气和口味，易溶于乙醇、乙醚、氯仿和丙二醇，沸点170℃。

使用量：在面点工艺中香兰素的用途最广，常被直接用于食品中。糕点、饼干中最大用量为220mg/kg。

四、增稠剂

增稠剂可以提高食品的黏稠度或形成凝胶，从而改变食品的物理性状，赋予食品黏润、适宜的口感，并兼有乳化、稳定或使呈悬浮状态作用的物质。

（一）琼脂

琼脂又称洋粉、冻粉。它是以海藻类植物石花菜为原料，经特殊工艺干燥制成。其主要成分为多糖类物质。由于制法不同，琼脂有条状、片状和粉状。品质优良的琼脂质地柔软、色白、无臭、无味、呈半透明状，且纯净干燥、无杂质。凡灰白色并带有黑色点的琼脂质量较差。

琼脂口感黏滑，不溶于冷水，可溶于沸水，熔点80～90℃，加热煮沸时分散为溶胶，凝固温度为32～42℃，冷却后可成为凝胶，凝胶易使食品上色。由于琼脂溶胶的凝固温度较高，在夏季室温条件下也可凝固，因而不必特别进行冷冻，使用极为方便。

琼脂的吸水性和持水性高，干燥琼脂在冷水中浸泡时，徐徐吸水膨润软化，可以吸收20多倍的水。琼脂凝胶含水量可高达99%，有较强的持水性。琼脂凝胶的耐热性也较强，因此热加工很方便。中式面点工艺中常用其制作水果冻等。琼脂应在干燥处保存。

（二）明胶

明胶又称食用明胶、鱼胶。它是动物胶原蛋白经部分水解的衍生物，以动物的皮、骨、软骨、韧带和鱼鳞为原料制成。

明胶呈白色或浅黄褐色、半透明、微带光泽的脆片或粉末状，几乎无臭、无味，不溶于冷水，但能吸收5倍量的冷水面膨胀软化。明胶溶于热水，冷却后形成凝胶。

明胶本身具有起泡性，也有稳定泡沫的作用，尤其接近凝固温度时，起泡性更强。使用时应先在冷水中浸泡，再加热溶解，或直接加入热水中高速搅拌。我国

《食品添加剂使用卫生标准》（GB 2760—2014）规定，可按生产需要适量用于各类食品。

（三）结冷胶

它以鱼皮为主要原料制成，呈米黄色干粉状或片状，无特殊的滋味和气味，约于 150℃下经熔化而分解。结冷胶耐热、耐酸性能良好，对酶的稳定性高，水溶液呈中性。

结冷胶虽不溶于冷水，但略加搅拌即分散于水中，加热即溶解成透明的溶液，冷却后形成透明且坚实的凝胶，因而使用十分方便。结冷胶一般用量较小，通常只为琼脂用量的一般用量 0.05%即可形成凝胶（通常用量为 0.1%～0.3%）。结冷胶制成的凝胶富含水分，具有良好的风味释放性，有入口即化的口感。结冷胶有良好的稳定性和耐酸、耐酶作用，制成的凝胶即使在高压蒸煮和烘烤条件下都很稳定，在酸性产品中也很稳定。结冷胶以 pH 在 4.0～7.5 条件下性能最好。

我国《食品添加剂使用卫生标准》（GB 2760—2014）规定，结冷胶可在各类食品中按正常生产需要适量使用。

五、乳化剂

乳化剂又称面坯改良剂、抗老化剂、柔软剂、发泡剂等，是一种多功能的表面活性剂。在面点工艺中，它是促进水与油脂融合的一种添加剂，其作用是使油脂乳化分散，使制品体积膨大、柔软疏松。

馒头、蛋糕等放置一段时间后，就会水分减少，内瓤由软变硬，硬化掉渣，组织松散，失去光泽，使弹性和风味消失，这种现象就是面食品的老化现象。乳化剂是最理想的抗老化剂，面点工艺中使用乳化剂可以推迟面点的老化，延长成品的货架期。

（一）乳化剂的种类

乳化剂的种类很多，有天然乳化剂和合成乳化剂两大类，常见的乳化剂有卵磷脂、脂肪酸甘油酯、山梨脂肪酸酯、蔗糖脂肪酸酯、硬脂酸乳酸钠、硬脂酸乳酸钙等。目前，中式面点工艺中常使用的乳化剂产品主要是蛋糕油和起酥油。

1．蛋糕油

蛋糕油呈乳白色膏状，是一种毒性较小、相对比较安全的食品添加剂。主要成分有山梨醇（防腐剂）、单甘酯（乳化剂）、食用氧化油、丙二醇（溶剂）、已六酯、水等。

蛋糕油根据品牌的不同，用量一般为鸡蛋用量的 3%～5%不等，一般最大使用量为 6g/kg。保存方法为置于通风干燥处。

2．起酥油

起酥油是指精炼的动物油、氢化油或这些油脂的混合物，经混合、冷却、塑化加工出来的具有可型性、乳化性等加工性能的固态或液态的油脂产品。起酥油一般不直接食用，是食品加工的原料油脂。

起酥油种类很多，有高效稳定性起酥油、溶解型起酥油、流动起酥油、装饰起酥油等，都有较好的可塑性、起酥性。

3．乳化面包

油乳化面包油是一种新型调粉用油，可简化酵母膨松面坯的生产工艺，提高了制品质量。

在面点工艺中，加入5%～6%的乳化面包油，可不加其他面粉改良剂，使面坯持气性增强，耐搅拌、耐机械加工性能提高。它改善了酵母膨松面坯的整体特性，使之具有体积大，口感松软，内部组织结构细腻，富有弹性，有利于储藏、保鲜等特点。

4．乳化脱模油

这种乳化剂的作用是涂于烤盘、模具、笼屉表面，使蒸、烤制品易于与烤盘、模具、笼屉分离。它具有用量少、脱模好、不生烟、不生炭、不滴漏等特点。

（二）乳化剂的应用

使用乳化剂时，要根据工艺要求选用适宜的品种。如果添加乳化剂的主要目的是防止食品老化，则要选用脂肪酸甘油酯等与直链淀粉复合率高的乳化剂，添加量通常为0.3%～0.5%；如果主要目的是乳化，则应选用配方中油脂总量为2%～4%的为宜。

在实际应用时，为增加制品乳化液的稳定性，可采用几种不同乳化剂混合使用的方法，以提高乳化效果。

第四节 常用制馅原料

中式面点工艺中，凡是能用以制作馅心，从而达到调节点心口味目的的原料，均可称为制馅原料。

一、干果类

（一）瓜子仁

黑瓜子仁也称西瓜子。黑瓜子仁为西瓜的种子去壳后的子仁。我国江西的信丰县、广西的贺州市产的红色品种籽粒肥大、肉厚清香、久不霉变，是著名的传统特产。

白瓜子仁也称南瓜子、金瓜子、角瓜子。白瓜子仁为倭瓜（南瓜）、角瓜、白玉瓜和西葫芦等瓜子去壳后的子仁。我国北方广有出产，吉林、黑龙江等地产的白瓜子较著名，品种有雪白、光板、毛边、黄厚皮四种。其中雪白和光板质量好，毛边次之，黄厚皮较差。

葵花子仁向日葵的籽实去壳后的子仁，是一种经济价值很高的油料作物。我国各地均有种植，以东北和内蒙古较多。葵花子以粒大、仁满、色清、味香者品质为优。

瓜子仁是制作五仁馅、百果馅的原料之一，可作为八宝饭、蛋糕等点心的配料。面点工艺中最常用的是西瓜子仁、葵花子仁和南瓜子仁。瓜仁以干洁、饱满、圆净、颗粒均匀者为佳。

（二）榄仁

榄仁为橄榄科植物乌榄的核仁。榄仁主产于福建、广东、广西、台湾等地。榄仁仁状如梭、外有薄衣（红色），未褪红衣者称榄仁，焙炒后衣皮很易脱落，仁色洁白而略带牙黄色，肉质细嫩，富有油香味，是一种名贵的果仁。榄仁是南方五仁馅原料之一。榄仁以颗粒肥大均匀、仁衣洁净、肉色白、脂肪足的品质较好。

（三）松子仁

松子仁为松树的种仁，主要是红松（果松、海松）和偃松（爬地松）的种子。松子仁产于黑龙江省大、小兴安岭和东部林区。松子仁一般在9月上旬开始成熟。由于松塔素有秋分不落春分落的特性，因而采集时不能等待松塔自然脱落，需人工上树采集。

松子仁是北方五仁馅的原料之一。松子仁呈黄褐色，有明显的松脂芳香味，以颗粒整齐、饱满、洁净者为佳。

（四）白果

白果是我国特产硬壳果之一，以核仁供熟食。白果主产于江苏、浙江、湖北、河南等地。

白果10月果实成熟，有椭圆形、倒卵形和圆珠形。核果外有一层色泽黄绿有特殊臭味的假种皮，收获后假种皮便腐烂，露出晶莹洁白的果核，敲开果核，才是玉绿色的果仁，果实每千克300～400粒。优质品种有：

佛指：佛指产于江苏泰兴，壳薄、仁大、两头尖似橄榄、核饱满、味甘美，为白果良种。

梅核：梅核产于浙江长兴，俗称圆白果，形状像梅子核，颗粒较小。果仁软清甘甜，清香味美。

白果可做糕点配料，但是白果仁含有白果昔，可分解出毒素，食用不当会引起中毒，所以面点工艺中选用时应严格控制数量。

（五）芝麻

我国除西北地区外，广有栽培芝麻。种子按皮色分有黑、白、黄三种，均以颗粒饱满均匀、无黑白间杂、无杂质者为好。芝麻经加热炒熟去皮为芝麻仁，是五仁馅原料之一。

（六）腰果

腰果为世界四大干果之一，又称鸡腰果。腰果肉质松软，味道似花生仁，可做糕点的馅心，也可做点缀之用。

（七）核桃

核桃为世界四大干果之一。核桃又称胡桃、长寿果，原产于伊朗，现我国北方和西南均有种植。核桃 7—9 月成熟，外面有木质化硬壳，里边是供食用的果仁。

核桃的特点是含水分少，含糖类、脂肪、蛋白质和矿物质丰富，营养价值很高，耐贮存。核桃的品种很多，著名品种有：

光皮绵核桃光皮绵核桃主要产于山西汾阳，9 月中旬成熟，果形有长有圆，料大壳薄，表面光滑，出仁率在 59%左右，仁含油量 72%左右。

露仁核桃露仁核桃产于河北昌黎，外壳薄，种仁微露，易脱仁，出仁率为 65%，含油量为 76%。

鸡爪绵核桃鸡爪绵核桃产于山东，壳薄光滑，种仁饱满，出仁率为 40%～54%，含油量为 68%。

阳平核桃阳平核桃产于河南洛阳一带，壳薄，果实大，种仁饱满，产量较高，是河南的优良品种。

核桃仁是五仁馅原料之一，以饱满、味醇正、无杂质、无虫蛀、未出过油的为佳品，一般先经烤熟，再加工制馅。

（八）杏仁

杏仁为我国原产。杏仁有苦、甜两种。苦杏仁多为山杏的种子。内蒙古多产苦杏仁，这种杏仁含脂肪约 50%，并含有苦杏仁苷和苦杏仁酶。苦杏仁首经酶的作用，可生成有杏仁香气的苯四醛和有剧毒的氢氧酸等，食用不当会引起食物中毒。食用前须要反复水煮、冷水浸泡去掉苦味。甜杏仁为杏的种子，所含苦杏仁昔的量很少。我国著名的杏仁品种有：

1．龙王帽大扁

龙王帽大扁产于北京西部山区及辽宁等地。杏仁扁平肥大、仁肉细质，含脂肪 56.7%，出仁率 18%，每 500g 170 粒仁是杏仁中颗粒最大的品种。

2．巴旦杏仁

巴旦杏仁产于新疆喀什地区，是世界四大干果之一。巴旦杏果肉干硬不可食用，杏仁重 1～5g 不等，有甜苦之分，甜者供食，苦者药用，有很高的营养价值。

杏仁是五仁馅原料之一，既可炒食，也可磨粉作成杏仁饼、杏仁豆腐、杏仁酪和杏仁茶，还可做成各种小菜。同时它还可榨油，是制药的优质原料。

（九）花生

花生学名落花生，通常为 9—10 月上市，种子（花生仁）呈长圆形、长卵圆形或短圆形，种皮有淡红色、红色等。主要类型有普通型、多粒型、珍珠豆型和腰型四类。

花生去壳去内衣为花生仁，以粒大身长、粒实饱满、色泽洁白、香脆可口、含油脂多者为佳。花生是五仁馅原料之一，制馅时应先烤熟，去皮。花生仁是中式面点工艺中糕点馅心五仁馅、果子馅的主要原料。

（十）榧子仁

榧子又称彼子、玉棋、玉山果、香榧等。榧子是我国特产的稀有珍果，主产于东南地区，浙江诸暨枫桥所产最为著名。榧子品种较多，有香榧、米榧、圆榧、雄榧、芝麻五种。

梅子形似枣核，但较大，去壳去衣后为榧子仁，肉为奶白至微黄色，较松脆，具有独特的香味。可做糕点配料。

（十一）榛子

榛子为世界四大干果之一，又称山板栗、平榛子、毛榛子。榛子是一种野生的名贵干果，主产于东北大兴安岭东南部和东北部林区。

榛子的果仁含油量达 45%～60%，高于花生和大豆，具有补气、健胃、明目的功能。果仁既是糖果、糕点的主要辅料，也是榨油的主要原料。

（十二）板栗

板栗为落叶乔木，属山毛棒科植物。板栗为我国原产干果之一，主要产区在我国北方，各地均有栽培。9—10 月间果实成熟。我国著名的品种有：

京东板栗京东板栗产于北京以东燕山一带。它个小、壳薄易剥、果肉细、含糖量高，在国内外市场上久负盛名。

黑油皮栗黑油皮栗产于辽宁省丹东地区。它个头大，平均重 10g 以上，果壳色乌而有光泽，果实味醇，甘甜质细。

泰安板栗泰安板栗产于山东省泰安地区。它含糖量高，淀粉含量在 70%以上，吃口绵软，甘甜香浓。

确山板栗确山板栗产于河南确山县，栗果苞皮薄、个头大（每 500g 35 粒左右）、色泽好、饱满匀实、产量高且稳，曾被评为全国优良品种，有“确栗”之称。

板栗可做点心、栗羊羹等。保管栗子最好的方法是在凉爽的地方沙埋。栗子怕风干受热。

（十三）莲子

莲子分湘莲、湖莲、建莲等品种：莲子外衣赤红色，圆粒形，内有莲心。用莲子制馅前，要先去掉赤红色外衣，再去掉莲心。

（十四）椰蓉

椰蓉由椰子经清洗、去壳、选肉、制粒、糖渍、加入液体葡萄糖、加热、紫外线照射、熬制、冷却等十几道工序精制而成。优良品质的椰蓉质地柔软、颗粒均匀，用手触摸时微黏且有少量椰汁留在手上，感官上色泽新鲜，雪白油亮，无黄色或黑色斑点，无杂质。椰蓉嗅之有浓郁的椰香味和淡淡的椰油味，爽口滋润，甜而不腻，椰香满口，无苦涩味。优良品质的椰蓉制馅时汁液不会大量外流。汁液大部分保留在椰蓉中。

二、水果花草类

（一）鲜水果

中式面点工艺中常用的鲜水果类原料主要有苹果、梨、山楂、樱桃、琳猴桃、草莓、橘子、香蕉、桃、荔枝等。它们既可以制馅、制酱包于面坯内，又可点缀于面坯表面，起增色调味的作用。

（二）蜜饯、果脯

蜜饯与果脯习惯上混称，是用高浓度的糖液或蜜汁浸透果肉加工而成，分为带汁和不带汁的两种。

1．蜜饯

蜜饯以果蔬等为原料，经用糖或蜂蜜腌制，带汁、含水分较多，鲜嫩适口，表面比较光亮湿润，多浸在半透明的蜜汁或浓糖液中。蜜饯按加工方法不同分为糖渍蜜饯和返砂蜜饯。

①糖渍蜜饯

原料经糖渍后，成品浸渍在一定浓度的糖液中，略有透明感，如糖青梅、蜜樱桃、蜜柑橘、糖化皮榄、蜜番茄等。

②返砂蜜饯

原料经糖渍、糖煮后，成品表面干燥，附有白色糖霜，如糖冬瓜条、糖橘饼、青红丝、雪话梅、青梅、糖姜片、白糖杨梅等。

2．果脯

果脯通过煮制加入砂糖浓缩干燥而成，不带汁、含水分少。成品表面不黏不燥，有透明感，无糖霜析出，如杏脯、桃脯、苹果脯、梨脯、枣脯等。

3．凉果

原料在糖渍或糖煮过程中，添加甜味剂、香料等，成品表面呈干态，具有浓郁香味，如杨梅皇，秘制甘梅，雪花应子、柠檬李、丁香榄等。

4．甘草制品

原料采用果坯，配以糖、甘草和其他食品添加剂，经浸渍处理后，进行干燥，成品有甜、酸、咸等风味，如话梅、话李、九制陈皮、甘草榄、甘草金橘等。

5．果糕

原料加工成酱状，经浓缩干燥，成品呈片、条、块等形状，如山楂糕、金糕条、山楂片、果丹皮等。

（三）鲜花类

1．桂花酱

桂花酱是鲜桂花经盐渍后加入糖浆制成，以金黄、有桂花的芳香味、无夹杂物者为佳。

2．糖玫瑰

是鲜玫瑰花清除花蕊杂质后，用糖揉搓，再将玫瑰、糖分层码入缸中，经密封、发酵后制成。

三、畜、禽肉类

（一）猪肉

猪肉是中式面点工艺中使用最广泛的制馅原料之一。猪肉含有较多的肌间脂肪，肌肉的纤维细而软。制馅时应选用肥瘦相间、肉质丝缕短、嫩筋较多的前夹心肉。前夹心肉制成的馅，鲜嫩汁多，比用其他部位肉制成的馅滋味好。

（二）牛肉

牛肉肉质坚实，颜色棕红，切面有光泽，脂肪为淡黄色至深黄色，制作馅心一般应选用鲜嫩无筋络的部位。牛肉的吸水力强，调馅时应多打些水。

（三）羊肉

绵羊肉质坚实，色泽暗红，肉的纤维细软，肌间很少有夹杂的脂肪。山羊肉比绵羊肉色浅，呈较淡的暗红色，皮下脂肪稀少，质量不如绵羊肉。制作馅心一般应选用肥嫩而无筋膜的绵羊肉。

（四）鸡肉

鸡肉的肉质纤维细嫩且均为肌肉组织，可用于制作白色馅心。由于其含有大量的谷氨酸，因而滋味鲜美，制馅一般选用当年的嫩鸡胸脯肉

（五）肉制品

制馅使用的肉制品原料一般有火腿（如金华火腿）、香肠、酱鸡、酱鸭、腊肉等。用火腿制馅时，应将火腿用水浸透，待起发后熟制，去皮、骨、切成小丁或按需要拌入白酒。用香肠制馅，应按品种的具体要求，切片或切丁使用。用酱鸡或酱鸭制馅时，一般先去骨，再切丝或丁使用。

四、水产海味类

（一）大虾

大虾也称对虾、明虾。大虾外壳呈青白色，肉质细嫩，味道鲜美。调馅时，要去须腿、皮壳、沙线，将虾洗净，并按制品要求切丁或斩蓉，调味即可。应特别注意的是用虾制馅一般不放料酒，因为用料酒调制虾馅，会使虾肉有土腥味。

另外，虾仁、海米也是制馅原料。虾仁制馅方法与大虾基本相同；海米制馅，

一般应先将海米用清水泡透，再按制品要求切末或切粒。

（二）海参

海参是一种海产棘皮动物，有刺参、梅花参等品种。用海参制馅，需要先将海参开腹、去肠，洗净泥沙后再切丁调味。

用海参制馅时应注意的是，海参丁应比与其同时制馅的其他原料稍大一些，因为海参遇油脂会逐渐融化。

（三）干贝

干贝是扇贝闭壳肌的干制品，以粒大、颗圆、整齐、丝细、肉肥、色鲜黄、微有亮光、面有白霜、干燥者为佳品。制馅时，需将其洗净，放入碗内加水上屉蒸透，再去掉结缔组织后使用。用干贝制馅时，可将其切小丁，或用手撕成细丝。

（四）鱼类

鱼类有上千个品种。用于制作面点馅心的鱼要选用肉嫩、质厚、刺少的鱼种，如鳜鱼。用鱼制馅，均须去头、皮、骨、刺，再根据品种的需要制馅。

五、其他原料

（一）西米

西米是从棕榈科植物的木质部中分离提取的淀粉经精制而成。它颗粒均匀，外观色泽洁白明亮，口感香甜黏软，易于消化。西米中的主要成分是淀粉、纤维素、维生素。食用时，应先用冷水浸泡 20min，再以 1∶（15～20）的比例置于沸水中，并不断搅拌成透明胶体后冷却，加椰汁或果汁等味道更好。西米露具有健脾益胃、补虚消食、降血脂、抗癌等功效。

（二）枧水

枧水是广式面点工艺中常用的一种碱水。它是从草木灰中提取出的，其化学性质与纯碱相似。它是制作广式软皮月饼必备的添加剂。新型枧水是一种保鲜剂，是在传统枧水的基础上，经过改进配方，使成品月饼表皮更加柔软细腻，口感更加甜润，不发涩并能延长月饼的货架期。

新型枧水的主要成分是碳酸盐和磷酸盐，使用量一般为面粉量的 2%～4%，推荐配方为面粉 500g，糖浆 375g，植物油 125g，枧水 10～20g。

枧水的使用方法是将糖浆、植物油、枧水混合均匀，加入面粉搅拌，然后按一般月饼皮工艺过程进行。

馅，也称馅料、馅心。一般指动植物原料经细碎加工，以调味料拌制或经熟制而成的包入面坯中的心料。本章所指馅心还包括使用动植物原料经过精细加工、调味拌制或烹调熟制而成的形态多样、口味丰美、覆盖于面食表面，决定面食口味的浇头。

制馅工艺是指以各种禽、畜、海产、果蔬及其制品为原料，根据面坯特性，适当掺入各类调味品，经过生拌或熟烹，使原料呈现鲜美味道的过程。

第四章 制 馅 工 艺

第一节 制馅的作用、制作要求与分类

一、制馅的作用

（一）决定面点的口味

包馅面点的口味，与制品所用的坯料有一定关系，但多数品种是由馅来决定的：如北京都一处的烧卖、天津的狗不理包子、江苏淮安的文楼汤包、广东的虾饺等。这些品种之所以闻名，就是以制馅的用料考究、制作精细、口味鲜美而突出的。

（二）影响面点的形态

馅与包馅面点的形态有着密切的关系。如果调制馅心时处理不当，则会使制品坍塌变形或出现走油露馅等影响成形的问题。所以在制馅过程中，应根据各自的特点采取合理的技术措施，在保证其良好的口味和质感的前提下，还要保证制品形态完整、周正饱满。

（三）形成面点的特色

各种包馅面点的特色，虽与其所用的坯料性质、成形加工和熟制方法等有关，但各自所用的馅心也起着衬托甚至是决定性的作用。例如，京式面点制馅注重咸鲜口味，肉馅多用水打馅，并以葱、姜、京酱、香油等为调辅料，多数品种薄皮大馅，油香松嫩，形成了北方地区的独特风味。苏式面点制肉馅多掺皮冻，味浓色深且略带甜味，汁多肥嫩，味道鲜美，突出地体现了江南一带的风味特色。广式面点制馅用料广，口味重清淡，以鲜、滑、爽、嫩、香的特点形成了广式面点独有的特色。

（四）丰富面点品种

面点品种的花样繁多，不仅是因为用料不一、做法各异，成形乃至熟制等工艺不同，其中，制馅时用料广泛，口味变化迥异，也是增添面点花色品种，使其丰富

多彩的重要因素。

例如水饺，就可因肉的种类不同分为猪肉水饺、羊肉水饺、牛肉水饺和鸡、鱼肉水饺，各种肉类再与不同的蔬菜匹配，以及各种海味原料的相互搭配形成的不同风味的三鲜馅，各种干鲜蔬菜与其他原料配制成的各色素馅等，因此水饺的种类非常丰富。再比如酥皮类点心，同样的坯料，只要换一种馅，就是一个不同的品种，如豆沙酥、红果酥、枣泥酥、肉松酥、莲蓉酥、三鲜酥、麻仁酥等。随着制馅方法的变化可形成几十甚至上百种不同风味的点心。

二、制馅工艺要求

各类馅的工艺方法虽各有不同，但却有着共同的特点和操作要求。

（一）原料要切小切细

馅料加工多为粒、末、泥、蓉、丝、片等。无论是肉类原料、蔬菜、豆制品，还是其他原料，不管是剁粒、末也好，切丝、片也罢，都要以细小为好，不能过粗过大，这是制作馅心的共同要求。因为面点皮坯都比较柔软，加之面点品种个头都比较小，如果馅料粗大，既影响成形操作，又不易成熟，影响面点品质。

（二）水分和黏性要合适

适度控制调节馅的水分和黏性是制馅的两大关键，尤其是咸馅中的素馅和肉馅。

生拌素馅多用新鲜蔬菜，但新鲜蔬菜的含水量较多，因此必须要去掉多余的水分，并设法增加黏性。生拌肉馅往往是油脂重、黏性足，所以要通过打水或掺冻降低黏性，使其达到汁多、松嫩的目的。

熟制素馅多用干制菜泡发后制作，较干散，黏性差，在烹调时也需增加黏性。

熟制肉馅在烹调的过程中，原料水分外溢且馅料干散，通常是利用勾芡的方法，使馅料和卤汁混合均匀，不仅使馅鲜美入味，而且湿度和黏性也较为合适。

此外，甜馅中除泥蓉馅外，其他的果仁、蜜饯馅和各种糖馅也存在同样的问题，通常是通过打水潮和打油潮来解决。

（三）咸馅调味较一般菜肴稍淡

咸馅在口味上的要求与菜肴的调味一样同样要求咸淡适宜、五味调和、鲜美可口。

但馅心在包入皮坯后，多数品种都需经过加热熟制，在蒸、烙、烤或炸的熟制过程中，由于水分蒸发，卤汁变浓，使馅的咸味相对增加。特别是一些重馅品种，如馅饼、烧卖等，皮薄馅大，以吃馅为主，所以，无论在拌制生馅或是烹调熟馅时，口味都应比一般菜肴稍淡一些，以免制品成熟后，因馅过咸而失去鲜味。一般水煮成熟法和轻馅品种不存在这样的问题。

（四）熟馅的制作多需勾芡

熟馅的制作通常在对原料加热的过程中，或多或少地产生水分，如不勾芡，烹制后的馅水分过多，给包捏成形造成困难，而且成熟后的制品会出现露馅塌底的现象。假如是废弃汤汁，则会使原料中的大部分营养素随汤丢弃，同时使馅料老、硬而不松嫩，味淡而不醇厚，所以，这种方法是不可取的。但熟馅勾芡也不是绝对的，少部分的熟馅制品也有不勾芡。

三、馅的分类

馅心的种类可从以下四个方面来区分。

（一）按制作原料划分

从原料的性质看，可分为荤馅、素馅和荤素馅。荤馅多以畜禽肉以及水产原料为主料，口味上要求咸淡适宜、鲜香松嫩、汁多味美。素馅多以鲜干蔬菜为主料，再配以豆制品、鸡蛋等原料制成，口味要突出清香爽口的特点。荤素馅或以荤为主，配一些素料，如各种肉类分别与不同蔬菜的匹配以及几种海鲜原料与时令蔬菜的搭配，此类馅心优点多，使用较普遍；或以素为主，配少量的荤料，如翡翠馅、萝卜丝馅等与火腿、猪肥膘的搭配，适用于一些特色面点。

（二）按工艺方法划分

从制法上看，可分为生馅、熟馅和生熟混合馅。生馅即将原料经刀工处理后，直接调味拌制而成。熟馅则是原料在刀工处理后，还需经过烹调的过程（或某些熟肉馅，将酱、卤、烤制的熟料加工成馅料）。生熟混合馅多指荤素混合的菜肉馅，如某些耐熟且水分含量较多的萝卜、白菜、豆角等原料就需焯熟后经刀工处理再与生肉馅拌和，或熟肉馅中掺入一些味零且叶片细薄不宜焯水的生菜，如韭菜、香菜等。

（三）按口味划分

从口味上看，主要分为咸馅、甜馅两大类。这里不再逐一举例。

（四）按用途划分

从馅料用途分，可分为馅心和面臊（卤、浇头）两大类。馅心一般呈固态或软膏状，大多处于面坯的内部。而面臊多为液态或半流体状（或成“泥石流”状），大多覆盖于面坯制品的表面或面坯制品浸泡于其中，人们习惯称之为面臊、打卤或浇头。

第二节　甜馅制作工艺

甜馅，馅心的口味以甜为主。它是以糖为基本原料，再配以各种水果、干果、果仁、花卉、蜜饯、油脂以及各种豆类或某些根茎类蔬菜等原料，采用各种调味或烹制方法制成的馅心。按照原料和工艺特点，大致可分为泥蓉馅、果仁蜜饯馅和糖馅三大类。

一、泥蓉馅

泥蓉馅是以植物的果实、种子、根茎等为原料，如豆类、莲子、红枣、山药、冬瓜、南瓜、薯类、芋为等，经过去皮、去核，采用蒸、煮等方法加工成泥或蓉，再用糖、油炒制或直接调味或需要简单拌制而成的一种甜馅。它的特点是绵软细腻、香甜爽滑，并带有不同果实的浓郁味道。

从工艺方法上看，泥与蓉基本相同，但从性状上看，泥稍粗且略稀软，蓉则细而稍稠硬。现较常用的泥蓉馅有豆沙馅、枣泥馅、薯泥馅、莲蓉馅和果蓉、果酱馅。

（一）工艺流程

炒制调味；

选料—去核、去皮—蒸、煮—制泥；

直接调味或拌制成馅。

（二）工艺要点

1．选料包括两个方面

一是主料的选择，如做豆沙馅要选择粒大皮薄、红紫发亮的赤豆（北方称红莲豆）；做枣泥馅应选择个大肉厚且核小的红枣或蜜枣、黑枣；莲蓉馅应选择去皮去芯、个大色靓的莲子；薯泥馅应选择个头适中，皮光滑、黄色且少筋的红薯或马铃薯。二是辅料的选择，即糖和油的使用要依所制馅心的特点而定。如豆沙馅和枣泥馅的色泽呈黑紫或深褐色，那么，糖、油色泽深浅均可；而莲蓉馅、果蓉馅和薯泥馅等要保持馅料本来的色泽，因此，就必须选择白糖和浅色的植物油，同时还必须要用不锈钢锅炒制，以避免炒制时馅心变色。

2．去皮核植物类的果实、种子、根茎

一般都有皮、有核，先要除干净，才能制馅。有的果实、种子、根茎的皮核，经过简单的刮、削、剥，比较容易去掉，但有些植物的果实、种子、根茎的皮核要采取浸泡、水煮的方法才能去掉。如杏仁去皮，红枣去皮核，莲子去红衣去苦芯。

3．熟制

熟制方法一般采用蒸和煮，其目的是为了使原料在加热的过程中充分吸收水分而便于成熟，并且变的绵软，以便于下一步制作泥蓉。通常，果实和根茎类原料如水果、薯类、枣类、鲜果品和根茎类植物性原料以及个别种子如莲子等适宜用蒸的方法，蒸时要火旺汽足，一次蒸好。而多数种子类原料如豆类、栗子、花生等因质地干硬，则适宜用煮的方法。煮时要先用旺火烧开，再改用小火血煮。

4．制泥蓉

制泥蓉的方法除制馅工厂有专门的机械设备外，多数则以手动加工为主。其方法有三：其一，是采用细网筛搓擦、加水过滤，滤出皮、核，同时使沙、泥沉淀，再滤去清水，将湿沙泥装入布袋内挤压除去水分。其二，对于蒸熟的薯类、果品可采用刀、勺、擀面杖等工具用压、碾的方法使原料细腻而不夹颗粒。其三，用绞肉机绞，速度快，出成率高，但馅料比较粗糙，所以，制作时要多绞几遍。

5. 调味

对于泥蓉馅而言，很多馅心的制作需要进行炒制，目的是为了增加馅心香气和收干原料的水分，便于贮藏和加工使用。炒制的泥蓉馅心色泽有两种：一种是要求保持本色，另一种是要求转色。因此炒制的方法有所不同。

本色的炒法是将锅烧热，放相当于馅心 1/3 的食用油，油热下糖，糖稍为溶化即可倒入备好的泥蓉，不断用铲推动翻炒，炒至稠浓时，再逐次添加食用油推炒至匀。

转色的炒法，一种是与本色的炒法基本相同，不过在炒制的时间上略为延长些，以使馅心转色；另一种方法是将锅烧热，先放一部分食用油，烧至冒烟，放一部分糖炒色，糖呈红色时，倒入泥蓉，改用中火烧至浓稠状，继续放一部分食用油和糖炒；炒到水分快干时，再继续放剩下的食用油和糖后直至炒好。这种炒法，油、糖分三次下，第一次下糖叫炒糖色，第二次下糖叫转色，第三次下糖叫增味。

馅心在炒制加工工艺中，总的要求有二。一是馅心中的水分在炒制过程中必须蒸发掉，否则不易保存，容易变质。水分是否蒸发，除看馅心在锅中冒的汽大小外，还要看馅心在锅中的状态。在足够食用油下炒制的馅心，如果水分快蒸发干时，馅心在锅中铲推，基本不粘铲、不粘锅，整个馅心在锅内能旋转，行话叫悬锅。二是馅心不能有焦煳味，因而要控制好火候，先一阵大火后，改用中火，然后再改小火。如火过大，糖蓉起急泡，容易烫伤人，馅心快好时改用小火，以免烧焦。炒时要用锅铲不停地推炒，铲与锅底要相贴，以免使锅底部的馅变煳。

在炒好的馅料内加入玫瑰、桂花酱或熟芝麻仁、榛仁、松仁等具有芳香气味的原料，以丰富馅料的口味特色。但必须是在馅料出锅晾凉后进行，或在使用时加入，以免香味遇热或长时间存放挥发。

泥蓉馅的调味一部分可以直接调味拌制成馅，如苕泥馅；另一部分则需要进行简单的加热增稠成馅，如南瓜馅、香蕉馅等。

（三）用料比例

制作泥蓉馅时应在主料和辅料间掌握恰当的比例。通常有两种情况：

主料本身不含糖分如莲子、山药、马铃薯和各种豆类，用这些原料做泥蓉馅时，主料和糖的比例应为 1∶（1～1.5）。

主料含有糖分如红枣、蜜枣、红薯、水果等，因其本身甜度较高，制馅时主料与糖的比例应掌握在 1∶（0.5～0.8）。另油脂的使用量通常以 1∶0.3 为准，但制作果蓉或果酱馅时，因多数水果都含有较多果胶，因此不加或少加油脂。

（四）泥蓉馅实例

1．荔（芋）蓉馅

经验配方：荔浦芋头1000g，白糖1000g，猪油150g，生油150g。

工艺方法：先将芋头去皮蒸熟后压烂，然后绞成泥。将蓉泥、白糖放入铜锅中用中小火炒，待水分将尽时，加入1/2的油脂，边加边铲炒至蓉泥起蜂巢状时，再加入剩余的1/2的油脂铲炒均匀，随即取出一点蓉泥待冷，用手摸一下如不粘手，立即离火，盛装即成。一般用于蒸、烤类面点，如玉蓉龙眼酥、玉蓉佛手等。

2．奶油冬蓉馅

经验配方：老冬瓜6kg，白糖1.2kg，麦芽糖150g，奶油200g，猪油200g，澄粉80g。

工艺方法：冬瓜削去皮、去瓢、去籽，洗净切成小块，入绞肉机内绞成蓉状，将绞好的冬瓜蓉用纱布包好，挤压掉冬瓜蓉中的水分，挤干挤净。炒锅烧热，放入猪油烧热，把白糖与冬蓉放入，边炒边加麦芽糖，炒至馅心水分基本收干时，下入奶油和澄粉，炒拌均匀起锅即成。适用于烤、蒸类面点，如冬蓉珍珠、冬蓉万字酥等。

3．豌蓉馅

经验配方：鲜嫩豌豆500g，白糖300g，黄油150g，薄荷香精1～3滴，吉士粉30g，清水150g。

工艺方法：将鲜嫩豌豆洗净煮熟，磨成粉。清水入锅，放入白糖熬化，再放入黄油、豌豆粉、吉士粉，搅拌浓稠，滴入香精调匀起锅晾凉即可使用。一般用于蒸、烤类包烹面点，如秋叶包子、寿桃等。

4．豆蓉馅

经验配方：绿豆500g，白糖600g，猪油100g，黄油50g，精盐10g，清水200g。

工艺方法：将绿豆淘净炒熟，用机器打成粉。锅内放清水、白糖熬化，加绿豆粉、猪油、黄油、盐用小火炒至吐油即成。一般用于蒸、烤、酥制等点心类包烹面点，如豆蓉蜻蜓饺、豆蓉刺猬包等。

5．苕泥馅

经验配方：红心苕500g，哈密瓜80g，白瓜50g，色果50g，猕猴桃40g，油酥腰果50g，白糖250g，猪油120g，熟芝麻20g，精盐2g。

工艺方法：将哈密瓜、白瓜、色果、獄猴桃分别去皮去籽切成豌豆大的粒。腰果打成粉。红心苕去皮，用旺火入笼蒸熟，压成泥，用猪油入锅炒至翻砂吐油起锅，加白糖、白瓜、哈密瓜、色果、密猴桃、腰果、盐、熟芝麻搅拌均匀即成。一般用于蒸、煮、烤类包烹面点，如苕泥包子、苕泥酥饼等。

6．香蕉馅

经验配方：香蕉500g，白糖200g，吉士粉30g，三花淡奶2听，香蕉香精1～

2滴，奶油10g。

工艺方法：将香蕉去皮用刀压成蓉。锅内放入三花淡奶、奶油、白糖、香蕉蓉煮开，加吉士粉、香精搅匀成浓稠状至熟时起锅即成。一般用于蒸、烤类面点，如香蕉酥、香蕉炸包等。

由于酶促褐变的影响，香蕉馅的颜色问题一直不能很好地解决，这是需要探讨的问题。

二、糖油馅

糖油馅是以白糖或红糖为主料，再通过掺粉、加油脂和调配料制成的一类甜馅。制作糖油馅使用的配料相对较少而单一、成本低廉、制作简单、使用方便，并通过不同调味料的使用而形成较多的风味，因此是制作面点常用的一类甜馅，如玫瑰白糖馅、桂花白糖馅、水晶馅等。

（一）工艺流程

选料—加工—配料—拌和—成馅

（二）工艺要点

选料白糖中的绵白糖和细砂糖以及红糖、赤砂糖均可作为糖油馅的主料，但要依据不同制品的具体特点有选择地使用。粉料则面粉、米粉均可，面粉多选择低筋粉，而米粉以籼、粳米粉为好。油脂的使用也较为普遍，动物油中的猪板油、熟猪油，植物油中的香油、胡麻油、豆油等都可依糖馅的特点或地方风味来选用。糖油馅的种类都是根据所加的调配料不同而形成，因此，制作糖油馅的调配料多选用具有特殊香味的原料，如芝麻仁、玫瑰酱、桂花酱以及不同味型的香精、香料等。

加工存放过久的白、红糖品质坚硬，须擀细碎。麦、米粉需烤或蒸熟过筛，但要注意不可上色或湿、黏。拌制糖油馅的油脂无须加热，多使用凉油，猪板油则需撕去脂皮，切成筷头丁。如使用芝麻仁制馅，必须炒熟并略擀碎，香味才能溢出。

配料糖油馅是以糖、粉、油为基础，其比例通常为糖500g、粉150g、油100g。但有时因品种特点不同或地方食俗不同其比例也有差异。拌制不同类型的糖馅所加的各种调配料适可而止，如玫瑰酱、桂花酱以及各种香精其香味浓郁，多放会适得其反。

拌和将糖、粉拌和均匀后开窝，中间放油脂及调味料，搅匀后搓擦均匀，如糖馅干燥可适当打些水。

（三）糖油馅实例

1．桂花白糖馅

经验配方：白砂糖500g，熟面粉50g，青红丝25g，糖桂花15g，水、植物油适量。

工艺方法：先将青红丝切成碎片，将其他原料拌和在一起，根据原料干湿情况可适当加点水调和，最后加进青红丝用力擦拌均匀即成。一般用于蒸类面点比较多，如糖三角、糖包等。

2．水晶馅

经验配方：细白砂糖 500g，猪板油 500g，桂花酱 50g，白酒 25g，青梅 50g。

工艺方法：将猪板油撕去脂皮，片成 5mm 厚的大片，然后在案上铺一层白糖，白糖上摆一层板油，在板油上再撒一层白糖，并用面杖稍加擀压，使脂油的两面都嵌进一层白糖。如此将所有的板油片都做完，而后切成 5mm 宽的条，再切成见方的小丁。用白酒将桂花酱稀释、过滤、去掉渣滓，淋洒在糖脂油丁上拌匀。青梅切成 3mm 大的小丁拌入脂油丁内，再将其装入小口坛子内封口，置放 2 天即可。一般用于烤、蒸类高级面点，如水晶月饼、水晶虾饺等。

三、果仁蜜饯馅

果仁蜜饯馅是以果仁、蜜饯、果脯为主料，经加工后与白糖拌和而成的一类甜馅。其特点是松爽甘甜，并带有不同果料的浓郁香味。由于我国南北物产的差异，果仁蜜饯馅在原料的选用及配比、制馅的方法上各地均有所不同。如有以瓜子仁为主的瓜子馅，有以鲜葡萄和葡萄干为主的葡萄馅，还有以各种果仁蜜饯相搭配制成的五仁馅、八宝果料馅等，通过众多原料的合理搭配，可制作出风味各异的甜馅，因此也是面点制作中常用的馅心。

（一）工艺流程

选料—加工—配料—拌和—成馅

（二）工艺要点

1．选料

果仁的种类较多，常用的有核桃、花生、松子、榛子、瓜子、芝麻、杏仁以及腰果、夏威夷果等。多数果仁都含有较多脂肪，易受温度和湿度的影响而变质，所以，制馅时要选择新鲜、饱满、色亮、味正的果仁。蜜饯与果脯的品种也很多，通常蜜饯的糖浓度高，黏性大，果脯相对较为干爽，但存放过久会结晶、返砂或干缩坚硬，所以，使用时要选择新鲜、色亮、柔软、味纯的蜜饯果脯。

2．加工

果仁需经过去皮、制熟、破碎等加工过程，具体的加工方法因原料的不同特点而有所不同。如花生仁、松仁等，要先经烘烤或炸熟后再搓去外皮；而桃仁、杏仁等则需先清洗浸泡，然后剥去外皮再烤或炸熟。较大的果仁还需切或擀压成碎粒。较大的蜜饯果脯都需切成碎粒以便使用。

3．配料

因果仁、蜜饯、果脯的品种很多，配馅时，既可以用一种果仁或蜜饯、果脯配制馅心，如桃仁、松仁馅、红果、菠萝馅等；也可以用几种果仁、蜜饯果脯分别配制出如三仁、五仁馅，什锦果脯馅等；还可以将果仁、蜜饯、果脯同时用于一种馅心，即什锦全馅。配制果仁蜜饯馅以糖为主，除按比例配以果仁、蜜饯、果脯外，有时还需配一定数量的熟面粉和油脂，具体的比例以及油脂的选择应视所制馅心使用果仁、蜜饯或果脯的多少和干湿度及其馅心的特点而定。

4．拌和

将加工好的果仁、果脯、蜜饯与擀过的糖、过箩的熟粉以及适合的油脂拌和搓擦成既不干也不湿，手抓能成团时方好。

（三）果仁蜜饯馅实例

1．冰橘馅

经验配方：冰糖渣 100g，蜜橘饼 80g，白糖 500g，猪网油 50g，熟面粉 50g，花生油 100g，饴糖 20g，熟芝麻粉 50g。

工艺方法：将橘饼切成细粒状。猪网油洗净用刀剁成泥。将白糖、熟面粉、熟芝麻粉、冰糖渣、蜜橘饼拌和均匀，再加花生油、饴糖、网油泥搓揉均匀，装模具箱压紧，切方块即成。

同种方法还可做以瓜子仁为主要原料的瓜子仁馅和以葡萄干为主要原料的葡萄馅。一般用于烤、煮等类面点，如冰橘月饼、冰橘汤圆等。

2．麻仁（蓉）馅

经验配方：白糖 500g，芝麻仁 150g，熟面粉 50g，油脂 100g（猪板油、熟猪油、植物油均可），咸桂花酱 25g。

工艺方法：白糖擀碎，芝麻仁炒或烤熟并略擀碎，熟面粉过箩。将三种原料拌匀后开窝，中间放油脂（根据糖的干湿程度酌加水）、桂花酱，搅匀后拌入糖馅搓擦均匀即可。如用麻酱 200g 代替芝麻，即为麻蓉馅。一般用于煮、烤、蒸类面点，如芝麻汤圆、芝麻元宝酥等。

3．五仁馅

经验配方：白糖 1000g，桃仁、榛仁、松仁、瓜仁、腰果各 200g，肥膘肉丁 250g，咸桂花酱 50g，糕粉 50g，汾酒 25g，水或植物油 50g。

工艺方法：将所有果仁去皮制熟并且剁成细碎粒，先将五仁原料加白糖、糕粉、桂花酱、汾酒拌和搓匀拌匀，最后加入肥膘肉丁和植物油拌匀即成。一般用于烤、蒸类高级点心和造型面点等，如五仁水仙酥、五仁南瓜糕等。

4．什锦果脯馅（百果馅）

经验配方：白糖 1000g，葡萄干、蜜枣、京糕、杏脯、苹果脯、桃脯、梨脯、青梅、瓜条、糕粉、植物油各 100g，玫瑰酱 50g。

工艺方法：将所有的果脯均切成小丁粒，与白糖和糕粉拌匀，中间开窝，倒入植物油和玫瑰酱，拌匀后与白糖搓擦均匀即成。

什锦果料可以根据面点需要增减变化。但配比要恰当，其味在馅中都要有所表现。一般用于烤、蒸等点心类面点，如水果鸳鸯酥、水果葫芦包等。

四、鲜果花卉馅

鲜果花卉馅是以新鲜的水果和花卉为原料经加工后与白糖、油脂等拌和而成的一类甜馅。其特点是松爽甘甜，并带有不同新鲜水果与花卉的浓郁香味，如苹果馅、菠萝馅、橘子馅、百合馅、玫瑰馅、桂花馅等。鲜果花卉馅所用原料种类多，通过合理搭配，可制作出风味各异的多种馅心，是现代面点开发和使用的一类重要馅心。如苹果馅、橘子馅、桂花馅等

（一）工艺流程

选料—加工—拌和—成馅

（二）工艺要点

1．选料

鲜果的种类较多，常用的有伊丽莎白瓜、草莓、鲜荔枝、桂圆、鲜菠萝、西瓜、百合等。常用的花卉原料有茉莉花、鲜玫瑰花和桂花等。由于鲜果和花卉的易腐败性，因此加工时需要速度快一些。

2．加工

鲜果与花卉的加工都比较简单。一般将不能食用的部分和变色的部分去除干净，充分地洗涤干净即可。

3．配料

由于新鲜的水果和花卉含水较多，因此，在不影响馅心口味的前提下，需要适当的搭配一些粉末状的原料，熟面粉是常用的原料之一。

4．拌和

将加工好的鲜果、花卉与擀过的糖、过箩的熟粉以及适合的油脂拌和搓擦成既不干也不湿，装模具箱压紧，切块即成。

（三）鲜果花卉馅实例

1．菠萝馅

经验配方：鲜菠萝 500g，熟蛋黄 5 个，吉士粉 30g，白糖 300g，菠萝香精 1～2 滴，盐 2g，清水 100g。

工艺方法：将鲜菠萝去皮，放入盐水中浸泡 10min，洗净切成小块用机器打成蓉状。清水入锅放入菠萝蓉烧开，用吉士粉搅成稠糊状，起锅晾凉，加入白糖、蛋黄、香精揉和匀即成。一般适用于蒸、烤等点心类包烹面点，如菠萝橙汁球、菠萝秋叶包等。

2．西瓜馅

经验配方：鲜西瓜 500g，白糖 300g，鲜奶 100g，吉士粉 30g，熟芝麻粉 50g，奶油 20g。

工艺方法：将西瓜去皮去子，用机器打成泥蓉。锅内放鲜奶、西瓜蓉烧开，倒入吉士粉搅成浓稠状，至熟透起锅晾凉，再加入白糖、奶油、熟芝麻粉揉匀即成。一般用于凉卷、酥点等包烹面点，如西瓜糯米凉卷、西瓜荷叶酥等。

3．奶油鲜果馅

经验配方：鲜奶油 300g，白糖 200g，明胶 3g，草莓 50g，猕猴桃 100g，小西米粉 60g，吉士粉 30g，清水 100g。

工艺方法：将猕猴桃去皮，草莓去蒂分别切成绿豆大的粒。锅置火上，放清水、鲜奶油、白糖、明胶小火熬制，勤搅动至全部溶化，再加入西米粉、吉士粉搅匀至熟，起锅晾凉，加入草莓、猕猴桃拌匀即成。一般用于夏天的点心等，如奶油火夹、奶油糯米凉卷等。

4．百合馅

经验配方：百合 500g，白糖 300g，黄油 50g，熟芝麻粉 50g，吉士粉 40g，清水 200g，哈密瓜 50g，提子 50g。

工艺方法：将百合洗净，用旺火入笼蒸熟，取出用机器打成蓉。哈密瓜、提子分别切成米粒状。锅内加清水、百合蓉，烧开，用吉士粉搅成浓稠至熟，起锅晾凉，再加入白糖、黄油、熟芝麻粉、哈密瓜、提子拌和均匀即成。一般用于炸、烙、蒸等点心类包烹面点，如百合梅花酥、百合飞燕鱼等。

5．茉莉花馅

经验配方：鲜茉莉花 30g，白糖 500g，熟面粉 200g，网油 80g，花生油 50g，饴糖 60g，茉莉香精 1～2 滴。

工艺方法：将鲜茉莉花去蒂洗净，用沸水汆一下沥净水，再与一部分白糖剁成蓉。网油洗净剁成蓉。将白糖、熟面粉、茉莉花拌匀，再加花生油、饴糖、网油、茉莉香精揉匀，装模具箱压紧，用刀切成小方块即成。一般用于烤、蒸、煮等类面点，如茉莉金铃子、茉莉白兔酥等。

6．玫瑰馅

经验配方：饴糖 70g。

工艺方法：甜玫瑰酱混合拌匀，再加猪油、香精、饴糖反复搓揉均匀即成。一般用于烤、煮等类面点，如玫瑰月饼玫瑰汤圆等。

五、糖油蛋（糠）馅

糖油蛋（糠）馅是比糖油馅用料相对复杂的一类甜馅，除了使用糖油之外，还大量的使用鸡蛋和一些香气浓郁的辅料。由于其口味好，制作的变化多样，因此广受食客的好评及喜爱，尤其在广东和香港等地使用比较广泛。

（一）工艺流程

选料—加工—成馅

（二）工艺要点

选料除大量使用白糖、鸡蛋外，还使用香气较浓的椰丝、椰汁、牛乳、粟粉、吉士粉等。

加工此类馅软滑细腻，一般均需要煮、蒸等加热过程且均需要边加热边搅拌，否则容易出现不均匀的块状物。

（三）糖油蛋（糠）馅实例

1．奶皇馅

（1）经验配方

净鸡蛋 750g，白糖 1000g，奶油 1000g，粟粉 250g，奶粉 200g，面粉 375g，吉士粉 200g，椰汁 1 罐、三花淡奶 1 罐、炼乳 1 罐、柠黄色素、香兰素各适量。

（2）工艺方法

先将鸡蛋放入蛋桶中打匀，加入所有的其余原料，继续打匀。将打匀的原料过箩后倒入盆里，上笼用慢火蒸，边蒸边搅（每搅一次），大约大火蒸 45min，中火约 1h。冷却后用多功能搅拌机搅拌成均匀、细腻的固态状即可存放备用。每次使用前，取出适量再用手在案板上搓匀使用。

此馅 500g 与椰蓉 150g 一起放入桶中打匀即成椰黄馅。一般用于烤、烙、炸等类面点，如奶皇烤香糕、奶皇凤眼饺等。

2．椰蓉馅

（1）经验配方

椰丝 500g，白糖 500g，鸡蛋 2 个，吉士粉 25g，牛油 100g，糕粉 150g。

（2）工艺方法

椰丝最好用机器打成蓉状，与糕粉、吉士粉一起拌匀后，倒在案板上，中间扒个窝，窝中放入鸡蛋液、白糖、牛油，搓至均匀即成。一般用于烤、炸、烙等类包烹面点，如椰蓉龙虾酥、椰蓉玉饼等。

3．架英馅

（1）经验配方

净鸡蛋 500g，椰汁 200g，牛油 50g，奶粉 25g，白糖 600g，吉士粉 20g。

（2）工艺方法

先将牛油、奶粉、吉士粉、白糖放在一起拌匀。把鸡蛋磕入蛋桶，用蛋棒打烂，然后放入椰汁和上述拌匀的原料。将蛋桶放在沸水中，用蛋棒搅至原料全部热了取出，倒入 30cm 的方盆中，放在笼屉上用慢火蒸，要边蒸边搅（每 5min 搅一次），同时注意将四周角落搅匀，使之成为糊状即成。一般用于烤、炸、蒸类面点，如架英煎蛋卷、架英鸡蛋盏等。

4．蛋挞馅

（1）经验配方

鸡蛋 500g，澄面 30g，清水 550g，白糖 500g，吉士粉 10g，醋精 3 滴。

（2）工艺方法

将白糖、澄面、吉士粉拌匀，放入盆中。将清水烧沸，倒入有白糖、澄面、吉士粉的盆中，边冲边搅，使之溶化成糖水。将鸡蛋磕入另一个盆中打烂（不可多打）。将糖水倒入鸡蛋盆中，放入醋精搅匀即成。一般用于烤类面点，如岭南蛋挞等。

第三节　咸馅制作工艺

咸馅，馅心的口味以咸为基本味。按照所用原料的性质分为素馅、荤馅、荤素馅和三鲜馅四大类。其中包括生馅、熟馅和生熟混合馅的不同制法。

一、素馅

素馅是以鲜蔬菜、干制菜或腌制蔬菜为主料制成的一种咸馅。蔬菜的叶、根、茎、瓜、果、花菜等都能用来制作馅心。此外，菇、笋、豆制品、鸡蛋等原料也常作为素馅的辅、配料使用。

素馅因拌制时所用的油脂和是否加入鸡蛋，可分为清素馅、荤素馅和花素馅三种类型。所谓清素馅，即用植物油调制的素馅，不沾一点荤腥。荤素馅就是用荤油调制的素馅。花素馅是在清素馅里掺入炒熟的鸡蛋。下面从工艺方法上将素馅分为生、熟两类加以介绍。

（一）生素馅

生素馅多选用新鲜蔬菜作为主料，经加工、调味、拌制后的馅心，应突出其鲜嫩、清香、爽口的特点。

1．工艺流程

选料择洗—刀工处理—去水分和去异质—调味—拌和—成馅

2．工艺要点

选料择洗：根据所制面点馅心的特点要求，选择适宜的蔬菜，去根、皮或黄叶、老边后清洗干净。

刀工处理：馅心的刀工处理方法有切、先切后剁、擦和擦剁结合、剁菜机加工等方法。切适合于叶片薄而细长或细碎的蔬菜，如韭菜、茴香、香菜、茼蒿等；先切后剁，适合于叶片大或茎叶厚实的蔬菜，如大白菜、甘蓝、芹菜、万苣等；擦和擦剁结合，适合于瓜菜、根菜和块茎类蔬菜，如角瓜、萝卜、马铃薯等；还有剁菜机加工。根据制品的要求和蔬菜的性质选择适合的刀工处理方法，以细小为好。

去水分和异质：新鲜蔬菜中含水分较多，不能直接使用，须在调味拌制前去除多余的水分。通常使用的方法有两种：一是在切剁时或切剁后在蔬菜中撒入适量食盐，利用盐的渗透作用，促使蔬菜水分外溢，然后挤掉水分。二是利用加热的方法使之脱水，即开水焯烫后再挤掉水分。

此外，在莲藕、茄子、马铃薯、芋芳等蔬菜中含有单宁，加工时在有氧的环境中与铁器接触即发生褐变；在青萝卜、小白菜、油菜等蔬菜中均带有异味，可通过盐渍或焯水去除异味。

调味：去掉水分的蔬菜馅料较干散，无黏性，缺油脂，不利于包捏，因此，在调味时应选用一些具有黏性的调味品和配料，如猪油、酱、鸡蛋等，这样不但增强了馅料的黏性，改善了口味，同时也提高了素馅的营养价值。投放调味品时，应根据其性质按顺序依次加入，如先加姜、椒等调料，再加猪油、黄酱，然后加盐，这样既可入味，又可防止馅料中的水分进一步外溢。香油、味精等最后投入，可避免或减少鲜香味的挥发和损失。

拌和：馅料调味后拌和要均匀，但拌制时间不宜过长，以防馅料塌架出水。拌好的馅心也不宜放置时间过长，最好是随用随拌。

3．生素馅实例

（1）萝卜丝馅

经验配方：象牙白萝卜1000g，精盐30g，白糖30g，青葱丝30g，香油20g，味精10g。

工艺方法：萝卜洗净去皮擦成细丝，加盐30g腌渍30min，挤去水分放入盆内，再依次加入葱丝、白糖、味精、香油拌匀即成（配料和投料标准各地均有差异）。

（2）翡翠馅

经验配方：荠菜（或菠菜、油菜等）1000g，冬笋50g，白糖100g，熟猪油100g，精盐25g，味精10g。

工艺方法：荠菜择洗干净后焯水，然后漂凉捞出，剁碎后再挤去水分。冬笋切成细粒。将以上原料放入盆内，再依次放入精盐、白糖、猪油和味精，拌匀后即成。

（二）熟素馅

熟素馅多以干制菜和腌制蔬菜为主料，再配以豆制品、油面筋等，经过烹调而成馅。其特点是柔软适口、清香素爽。如雪菜冬笋馅、双冬馅等。

1．工艺流程

泡发—择洗—刀工处理—烹制调味—拌和成馅

2．工艺要点

浸泡（发）、择洗：腌制蔬菜要根据其盐分的含量或酸度适当浸泡，并适时换水。

干制菜泡发所需的具体水温和时间应根据其不同性质来决定。质干性硬的原料应提高水温或延长时间反复泡发，如香菇、干蕨菜等，遇块形较大的如干笋尖在泡软后还需切开再泡发。黄花、木耳等形态细、小或薄的原料用温水短时间泡发即可。总之，凡是干制原料都应使之最大限度地恢复原状再使用，避免没有发透而夹干心使用。将泡发好的原料择除根蒂、虫蛀、变质部分，并用清水反复洗干净。

刀工处理：按照馅料加工要求或丝或丁，都应以细小为好，而且，主、配、辅料的形态要大小一致，以便于烹调入味。

烹制调味：熟素馅的烹调方法有两种：一是用辅料炝锅后，将主、配料全部放入煸炒，然后按顺序依次投入调料烹调至熟，再勾勒收浓卤汁并均匀地裹在馅料上。二是用辅料和调料烹制成卤汁，并勾芡将其收浓，再趁热倒入已切配好的熟馅料内拌匀。

3．熟素馅实例

（1）雪菜冬笋（香干）馅

经验配方：腌雪里红 1000g，冬笋（香干）250g，虾子 20g，鸡汤 300g，熟猪油 150g，葱花、姜末各 25g，料酒 10g，酱油、白糖各 50g，精盐 20g，味精 10g。

工艺方法：雪里红用冷水充分泡淡，挤去水分后剁碎，冬笋切成小丁。锅内放入 50g 猪油烧热，放入笋丁和虾子煸炒，再放入料酒、酱油、精盐翻炒后倒入鸡汤，烧 10min 后盛出。锅内再放入猪油 100g，烧热后放入葱、姜蛤出香味，然后倒入雪里无同时加入白糖翻炒，炒透后将烟好的笋丁倒入，并加入味精，炒匀后勾芡即成。一般用于蒸类包烹面点，如雪菜包、雪菜蒸饺等。

（2）八宝素馅

经验配方：口蘑 50g，香菇 50g，季芥 50g，木耳 50g，竹笋 50g，玉米笋 50g，青岗菌 50g，冬菇 50g，葱 5g，鸡油 30g，鸡精 12g，生抽酱油 5g，姜汁 8g，胡椒粉 10g，料酒 6g，白糖 5g，香油 12g，精盐适量。

工艺方法：将口蘑、香菇、季芥、木耳、竹笋、青岗菌、玉米笋、冬菇分别洗净用刀切成米粒状。锅内放入鸡油烧热，放入八素原料和调味料炒熟起锅即成。一般用于蒸类包烹面点，如八宝珍珠饼、八宝蒸饺等。

（3）素蟹粉馅

经验配方：胡萝卜 150g，土豆 100g，水发香菇 50g，黑木耳 50g，胡椒粉 8g，老姜 6g，葱 3g，猪油 50g，鸡精 7g，酱油 8g，精盐适量，香油 12g。

工艺方法：将胡萝卜、土豆、香菇、黑木耳分别洗净切成小颗粒，用沸水焯至断生，挤去水分。锅内放油烧热，放入胡萝卜、土豆、香菇、黑木耳和调味料，炒入味起锅即成。一般用于蒸、炸等点心类面点，如素蟹粉锅饼、蟹粉小鸡等。

（三）生熟素馅

生熟素馅的品种比较少，因此只介绍一个代表品种韭黄馅的制作。

（1）经验配方

韭黄200g，鸡蛋黄500g，味精10g，猪油10g，香油10g，精盐适量。

（2）工艺方法

将鸡蛋黄搅匀放旺火蒸笼内蒸熟，取出切成米粒状。韭黄洗净切细末。将蛋黄粒加入调味料搅拌均匀后，再加入韭黄拌匀即成。一般用于煮、蒸、煎类面点，如鸡蛋水饺、鸡蛋软饼等。

二、荤馅

（一）生荤馅

生荤馅是用畜、禽、水产品等鲜活原料经刀工处理后，再经调味、加水（或掺冻）拌制而成。其特点是馅心松嫩、口味鲜香、卤多不腻。

1．工艺流程

选料加工—调味—加水（或掺冻）—调搅—成馅

2．工艺要点

选料加工：生荤馅的选料，首先应考虑原料的种类和部位，不同种类的原料其性质不同，即便同一种类的不同部位原料特点也不同。多种原料配合制馅，要善于根据原料性质合理搭配。

对于肉馅加工，首先要选合适的部位或肥瘦肉比例搭配合适，然后剔除筋皮，再切剁成细小的肉粒。如在剁馅时淋一些花椒水，可去膻除腥，增加馅心鲜美味道。

绞肉机绞出的肉馅比刀剁得更加细腻，同时，普遍带有油脂较重，黏性过足的特点，这样虽利于包捏成形，但也会影响成品的口味与质感。因此在调制使用绞肉机制作的生肉馅时，如果能正确掌握调味、加水（或掺冻）这几个关键，也就能顺利地解决生肉馅油腻这一难题。

调味：调味是为了使馅心达到咸淡适宜、口味鲜美的目的而采用的一种技术手段。调味和加水的先后顺序应依肉的种类而定。调味品的选用也因原料的种类不同而有差异，有时同一种类的原料，因区域口味不同，在调味品的使用上也有不同。

调制生荤馅的调味品主要有葱、姜、盐、酱油、味精、香油，其次有花椒、大料、料酒、白糖等。调馅时应根据所制品种及其馅心的特点和要求择优选用，要达到咸淡适宜，突出鲜香。不能随意乱用，避免出现怪味、异味。

调猪肉馅应先放调料、酱油，搅匀后依具体情况逐步加水，加水之后再依次加盐、味精、葱花、香油。因猪肉的质地比较嫩，脂肪、水分含量较多，如在加水之后再调味，则不易入味。

调羊、牛肉馅则相反。因羊、牛肉的纤维粗硬，结缔组织较多，月脂肪和水分的含量较少，所以，调馅时必须先加进部分水，搅打至肉质较为松嫩，有黏性时再加姜、椒、酱油等调料，搅匀后，依具体情况再适当酌加水分，然后加盐搅上劲，最后加味精、葱花、香油等。

调制肉馅必须是在打水之后加盐，如过早加盐，会因盐的渗透作用使肉中的蛋白质变性、凝固而不利于水分的吸收和调料的渗透，并会使肉馅口感艮硬、柴老。

加水或掺冻：加水是解决肉馅油脂重、黏性足使其达到松嫩目的的一个办法。掺冻是为了增加馅心的卤汁，而在包捏时仍保持稠厚状态，便于成形操作的一种方法。

馅心中加水应注意以下几点。第一，根据制品的特点要求，视肉的种类、部位、肥瘦、老嫩等情况，灵活掌握加水量和调味顺序。第二，加水时，一次少加，要分多次加入，每次加水后要搅黏、搅上劲再行下一次加水，防止出现肉水分离的现象。第三，搅拌时要顺着一个方向用力搅打，不得顺逆混用，防止肉馅脱水。第四，夏季，调好的肉馅入冰箱适当冷藏为好。

馅心中加冻馅应注意掺冻量应根据制品的特点而定，纯卤馅品种其馅心是以皮冻为主，半卤馅品种则要依皮料的性质和冻的软硬而定，如水调面皮坯组织紧密，掺冻量可略多；嫩酵面皮坯次之；大酵面皮坯较少。

另外，馅心中的冻有皮冻和粉冻之分。皮冻是用猪肉皮熬制而成。在熬冻时只用清水，不加其他原料属一般皮冻；熬好后将肉皮捞出，只用汤汁制成的冻叫水晶冻；如用猪骨、母鸡或干贝等原料制成的鲜汤再熬成的皮冻属上好皮冻。此外，皮冻还有硬冻和软冻之分，其制法相同，只是所加汤水量不同。硬冻加水量为1∶（1.5～2），软冻加水量为1∶（2.5～3）。硬冻多在夏季使用，软冻多在冬季使用。多数的卤馅和半卤馅品种都在馅心中掺入不同比例的皮冻，尤其是南方的各式汤包，皮冻是其馅心的主要原料。

粉冻是将水淀粉上火熬搅成冻状，晾凉后掺入馅心中，其目的除使馅心口感松嫩外，同时还为了在成形时利用馅心的黏性粘住拢起的皮折，如内蒙古的羊肉烧卖就是如此。

3．生荤馅实例

（1）猪肉馅（打水馅）

经验配方：鲜猪肉（肥四瘦六）500g，高汤 300g，姜末 15g，酱油 50g，精盐 5g，葱末 80g，味精 3g，香油 50g。

工艺方法：将猪肉切剁成细粒放入盆内，加姜末、酱油搅拌均匀，然后将高汤分次加入，每次加汤后都要用力搅拌至有黏性再加下一次，直至全部加完，搅至肉馅充分上劲后放入精盐，搅拌均匀待用。夏季可放入冰箱适当冷藏。使用时再加葱末、味精、香油搅匀即成。多用于煮制面点，如馄饨、钟水饺等。

（2）牛肉馅

经验配方：净牛里脊肉 1000g，猪肥肉馅 125g，马蹄肉 125g，小葱 125g，香菜 62.5g，生粉 125g，马蹄粉 62.5g，生抽 6g，老抽 6g，蚝油 60g，盐 18g，味精 18g，胡椒粉 3g，砂糖 40g，香油、生油各 60g，陈皮油、陈皮碎各 30g，柠檬叶 30g，清水 625g，食粉 6g，枧水 20g。

工艺方法：将牛里脊肉与柠檬叶一同上绞肉机搅成肉馅，放入打馅桶内开机慢打。用清水 300g 将盐、食粉和 10g 枧水溶化，分次倒入打馅桶内打至肉馅起胶，取出装盆封好后入冰箱冷藏腌渍 1 天。将生粉、马蹄粉、味精、砂糖、胡椒粉、生抽、老抽、蚝油以及剩下的清水调成溶液；取出牛肉馅倒入打馅桶内加入 10g 枧水用中速打至起胶，然后改成慢速，分次倒入兑好的溶液搅匀并打至起胶。将小葱、香菜、马蹄肉、切碎后同肥肉馅拌匀，分次加入打馅桶内，用慢速搅打均匀。将香油、生油、陈皮油、陈皮碎倒入盆内搅匀，慢慢倒入打馅机内搅匀即好。适用于蒸、煮等类面点，如牛肉烧卖、牛舌酥等。

（二）熟荤馅

熟荤馅是以畜、禽、水产品等肉类原料经刀工处理后，再经烹制调味成熟馅，或将烹制好的熟肉料经刀工处理后再调拌成馅。其特点是卤汁紧，油重，口味鲜香醇厚、爽口。

1．工艺流程

选料—刀工处理—烹制调味—拌和成馅

2．工艺要点

选料：生料选择时，水产品以鲜活为好，畜禽等原料除新鲜外，还要注意选择合适的部位。熟料多选用具有一定特色的成品料，如叉烧肉、烧鸭、白斩鸡等。此外，制作熟荤馅也常选用一些干、鲜菜如香菇、笋尖、茭白、洋葱等作为配料。

刀工处理：熟荤馅原料加工的形态除末、粒、丁外，也有丝、片等，无论什么形状都要以细小为好，同时在切配时还要考虑到不同性质的原料在受热后收缩变形等因素，以保证制出的馅料其形态规格一致，便于烹调入味。

烹制调味：生料烹调时，要依原料性质以及不同耐热程度分别入锅，以使各种馅料成熟一致，并保证各自应有的口感特点。熟料制馅则需按照馅心的特点和要求调制咸淡、色泽、浓度适宜的卤汁，然后趁热倒入馅料内拌匀。

拌和成馅：用生料制作熟馅时，拌和是在烹制调味的过程中完成，用熟料制作熟馅是将烹制好的卤汁倒入切配好的熟料盆内趁热拌和，因熟料松散，容易搅拌，所以，拌匀即可，不可搅拌过度，以免卤汁稀薄。

3．熟荤馅实例

（1）叉烧馅

经验配方：叉烧肉 500g。

工艺方法：用清水 120g 将生粉 30g、鹰粟粉 25g 调匀成稀粉浆。将洋葱 10g、生姜 5g 切片，香菜、大葱各 10g 切段。色拉油 15g 入锅上火烧热，下入洋葱、大葱、香菜、生姜炸香，随即倒入清水 240g，然后将生抽 30g、老抽 20g、蚝油 40g、砂糖 90g、味精 5g、胡椒粉 2g、香油 5g 放入锅中，烧开后改小火煮 5min，端离火口，捞出所有调料，再上小火加入少许橙红色素，将稀粉浆慢慢倒入，边煮边搅成稀糊状，最后加入 15g 色拉油，开大火炒至生油与稠浆混合并煮到沸透上劲。

制叉烧馅：将 500g 叉烧肉切成指甲片放入盆内，倒入料汁 500g，香油 25g 按压拌匀即成。口味太甜太咸，多用于蒸、烤制面点，如叉烧包、煸叉烧餐包等。

（2）汤包馅

经验配方：母鸡 1 只（2000g），净猪五花肉 750g，螃蟹 500g，鲜猪肉皮 750g，猪骨头 500g，精盐 10g，白酱油 50g，白糖 5g，味精 30g，料酒 50g，白胡椒 1.5g，葱末 5g，姜末 10g，熟猪油 100g，香醋、香菜末各 10g。

工艺方法：将螃蟹刷洗干净，蒸熟后剥壳取肉。锅烧热，放入猪油、葱末、姜末、料酒、精盐、白胡椒粉、再放入螃蟹肉炒匀，待用。将猪肉洗净切成片，鸡宰杀干净，猪骨洗净，一同在沸水锅中焯水，捞出后换成清水再放入烧煮，待猪、鸡肉八成熟时，取出切成 0.3cm 见方的小丁。肉皮酥烂时捞出绞成蓉状；骨头捞出，肉汤待用。原汤过滤后放入锅中，加入肉皮蓉烧沸后再过滤，煮至汤浓稠时，放入鸡丁、肉丁同煮，撇去浮沫后加入葱姜末、调味料和炒好的蟹粉，烧沸后装盆，并不停地搅拌，至冷却后放入冰箱冷藏，待凝固后用手将馅捏碎。多用于蒸制面点，如淮扬汤包等。

（3）咖喱牛肉馅

经验配方：嫩牛肉 1000g，洋葱 500g，咖喱粉 15g，熟猪油 150g，料酒 25g，精盐 15g，白糖 10g，味精 3g，鸡汤 50g。

工艺方法：将牛肉切剁成细粒，洋葱去皮洗净切成筷头丁。锅内放猪油 100g 上火烧热，放入牛肉、淋入料酒煸炒，至变色松散时盛出。锅内再加油 50g，烧热后放入咖喱粉炒出香味，倒入洋葱炒匀后，再倒入肉末翻炒，随后加入精盐、白糖、味精、鸡汤，炒匀后勾芡出锅。多用于蒸、烤、炸、烙制品。

三、荤素馅

荤素馅是将一部分蔬菜和一部分动物类原料经加工、调味或烹调、混合拌制而成的一种咸馅。它集中了素馅和荤馅两者之长，看，其水分和黏性等也适合于制馅要求，荤素馅也有生、熟和生熟混合之分，生的蔬菜末，使用较普遍。

熟荤素馅是将动物类原料经加工烹调后，再掺入加工好的蔬菜馅料拌匀。蔬菜是否需要去水分要取决于蔬菜的品种和性质，如韭菜、蒜黄等质地细嫩、味鲜的蔬菜可加工后直接拌制成馅，而质地较粗硬、块形较大的蔬菜如白菜、萝卜、瓜类等则需去水分后才能拌入肉馅内。也有的熟荤素馅依所用各种原料的性质不同分别入锅烹制调味后制成。生熟混合馅则是在生荤馅内加入经焯水后去掉水分的熟蔬菜末或在烹调好的荤馅内加入生蔬菜末。

（一）生荤素馅

生荤素馅是中式面点工艺中最常用的一类咸馅。几乎所有可食的畜禽类、蔬菜类原料均可相互搭配制作此类咸馅。猪肉白菜馅、猪肉韭菜馅、羊肉萝卜馅、羊肉角瓜馅、牛肉大葱馅等都是深受人们欢迎的经典品种。其特点是口味协调、质感鲜嫩、香醇爽口。

1．工艺流程

调制荤馅—加工蔬菜—拌和成馅

2.工艺要点

调制荤馅：选择合适的动物性原料经刀工处理后，按照调制生荤馅的操作要求调制成馅。

加工蔬菜：蔬菜择洗干净后，不需去水分的如韭菜、茴香等可直接切细碎，如需去水分的，可在切剁时撒一些精盐，剁细碎后再用纱布包起来挤去水分。

拌和成馅：将加工好的蔬菜末放入调好口味的荤馅内搅拌均匀即成。

3.生荤素馅实例

（1）羊肉荸荠馅

经验配方：鲜羊肉 500g，荸荠 200g，韭黄 50g，红酱油 10g，海米 10g，口蘑 20g，白糖 3g，胡椒粉 6g，甜面酱 8g，味精 8g，料酒 7g，精盐适量，香油 20g。

工艺方法：将羊肉洗净用刀剁成蓉。荸荠、口蘑、韭黄、海米分别洗净切成细粒。羊肉蓉加入调味料搅拌均匀，再加荸荠、口蘑、韭黄、海米拌匀即成。一般用于蒸、煮、煎等类包烹面点，如羊肉水饺、羊肉青菜饺等。

（2）三丁馅

经验配方：鲜牛肉 100g，鸡肉 100g，猪瘦肉 100g，冬笋 100g，香菇 50g，酱油 8g，胡椒粉 6g，料酒 10g，葱 10g，姜 6g，鸡精 8g，精盐适量，香油 12g。

工艺方法：将鲜牛肉、鸡肉、猪瘦肉分别洗净切成丁粒状。冬笋、香菇分别洗净切成绿豆大的粒。葱、姜切末。将牛肉、鸡肉、猪瘦肉粒加调味料搅拌均匀，再加冬笋、香菇、葱、姜拌匀即成。适用于蒸、煎等类包烹面点，如三丁蒸饺、三丁煎包等。也可作面臊用。

（二）熟荤素馅

熟荤素馅的特点是制作精细、色泽自然。依烹制方法的不同，其口感或干香爽口，或细嫩清爽，味道幽香。

1．工艺流程

原料加工—烹制调味—拌和成馅

2．工艺要点

原料加工：除将动物类原料按照馅心的要求或片切成丝、片，或切、剁成丁、粒、末外，还要将鲜、干或腌制蔬菜等配料以及辅料择洗、泡发或焯水后，再按要求切剁好。

烹制调味：按照不同馅心的特点要求采用适当的烹调方法，如干煸、清炒、滑炒等，并掌握各种原料及调料的投放时机，以突出各自的特色。

拌和成馅：主、配料都需烹制的馅心其拌和是在烹调中完成，个别馅心是将主料动物性原料和配料蔬菜分别进行烹调和焯水处理后再拌和在一起。

3．熟荤素馅实例

（1）霉干菜肉馅

经验配方：猪肉（肥四瘦六）1000g，霉干菜 250g，笋尖 150g，熟猪油 100g，葱末 15g，姜末 5g，酱油 50g，料酒 25g，精盐、白糖各 10g，味精 3g。

工艺方法：将猪肉切成筷头丁，霉干菜泡发开，洗去泥沙，泡淡洗净剁成碎末；笋尖切成细粒。锅内放油烧热，葱姜末炝锅，放入肉丁煸炒，待炒散时，放入霉干菜、笋粒，炒匀后加料酒、酱油翻炒，然后加白糖、精盐、味精，炒至汁将干时盛出即可。

（2）芽菜肉馅

经验配方：猪肥瘦肉 500g，芽菜 150g，红酱油 8g，姜汁 6g，胡椒粉 3g，白糖 2g，香油 8g，味精 5g，葱末 5g，精炼油 20g，精盐适量。

工艺方法：将猪肥瘦肉洗净切成绿豆大的粒。芽菜洗净切粒。锅内放油烧热，投入猪肉粒炒散，再加入调味料、芽菜炒匀起锅，拌入葱末即成。适用于蒸、煎类面点，如芽菜包子、芽菜发面饼等，也可做面臊用。

（3）冬菜肉馅

经验配方：猪腿肉 500g，四川冬菜 300g，生姜 10g，葱 20g，料酒 10g，酱油 5g，盐 3g，味精 2g，胡椒粉 2g，香油 10g，白糖 30g。

工艺方法：将猪腿肉、冬菜、葱、姜等分别切末，将猪肉末入锅上火煸炒干，倒入冬菜、姜末炒香，再加入各种调料炒匀，出锅冷却后拌入葱末备用。适用于蒸、煎类面点，如冬菜包子，也可做面臊用。

（4）芋角馅

经验配方：瘦肉 150g，熟肥肉 50g，生虾肉 75g，熟虾肉 50g，水发冬菇 25g，鸡肝 25g，叉烧肉 25g，鸡蛋 75g，味精 5g，胡椒粉 1.5g，白糖 7.5g，生抽 10g，马蹄粉 15g，精盐 5g，生油 25g，香油 2.5g，二汤 200g，料酒 5g。

工艺方法：先将瘦肉、熟肥肉、叉烧肉、生虾肉、熟虾肉、水发冬菇切成细粒。鸡肝用沸水烫至刚熟，也切成细粒。将瘦肉、生虾肉加入湿马蹄粉和匀，落锅泡油捞起，然后把水发冬菇粒炒香，将所有肉类一同下锅，落料酒加入二汤、精盐、白糖、生抽、味精、胡椒粉、香油炒匀，用湿马蹄粉勾芡，下调匀的鸡蛋液拌和，再加入生油调匀即可。

此馅一般放入方瓷盘内，入冰箱冻后切成方块使用。一般用于煎、烤等小吃类面点，如芋饺盒子、芋饺锅贴等。

（三）生熟荤素馅

生熟荤素馅即或是将焯水后的熟菜末掺入调好口味的生荤馅内，或是将加工好的生菜末拌入烹调好的熟荤馅内，或与切配好的成品熟肉拌制成馅。虽将主、配料的其中一种加工制熟，但其口感、味道仍不失协调柔和，鲜嫩爽口。

1. 工艺流程

原料加工—焯水或烹制—调味—拌和成馅

2. 工艺要点

原料加工：将肉按照所制馅心的特点加工成要求的形态，蔬菜择洗干净后，无须焯水的直接加工成形，焯水的先切成小块料或擦成丝。

焯水或烹制：将加工好的蔬菜下开水锅中焯熟，捞入凉水盆中过凉，挤去水分剁碎。熟肉生菜混合馅要将加工好的肉上火加热烹制调味。

调味：生肉熟菜混合馅将加工好的肉按照不同肉馅的调制方法调好口味。

拌和成馅：将加工好的主、配料按要求混合拌制成馅。

3. 生熟荤素馅实例

（1）豆芽猪肉馅

经验配方：猪肥瘦肉（肥二瘦八）500g，豆芽 150g，蚝油 6g，胡椒粉 8g，鱼露 6g，姜汁 5g，葱末 6g，香油 10g，精盐适量。

工艺方法：将猪肥瘦肉洗净用刀剁成蓉。豆芽去瓣去根洗净切细，用沸水焯至断生，挤去水分。猪肉蓉加调味料搅拌均匀，再加入豆芽拌匀即成。一般用于蒸、煎等类面点，如豆芽包子、豆芽蒸饺等。

（2）鸡肉馅

经验配方：净鸡肉 500g，猪肥肉蓉 50g，冬笋 50g，香菇 60g，葱 10g，姜汁 6g，料酒 5g，酱油 12g，味精 7g，胡椒粉 8g，精盐适量、香油 10g。

工艺方法：将净鸡肉去皮用刀剁成蓉。冬笋、香菇用沸水煮后沥干切成小颗粒。葱切成细末。鸡肉蓉、猪肥肉蓉放容器中加入调味料搅拌均匀后，再加冬笋、香菇拌匀即成。一般用于蒸、煮、炸等面点，如鸡肉锅贴、鸡肉小包等。

（3）叉烧鸭肉馅

经验配方：叉烧鸭 500g，甜面酱 2g，蘑菇 200g，花生酱 3g，喼汁 2g，葱 15g，白糖 2g，姜汁 5g，精盐适量，香油 5g。

工艺方法：将叉烧鸭切成小丁。蘑菇用沸水煮熟，沥干水分，切成小丁。叉烧鸭丁加调味料拌匀，再加蘑菇丁拌匀即成。一般用于包类、饼类面点，如叉烧鸭饼、叉烧鸭包等。

四、三鲜馅

三鲜馅是用较高档的海味原料经过加工、配制、调味而制成的一类较为讲究的咸馅。根据配制的种类或比例的不同，三鲜馅可分为海三鲜、肉三鲜、半三鲜和素三鲜四种。

（一）海三鲜

海三鲜又称“净三鲜”，是以三种海味原料为主，配一种时令蔬菜制成。其比例为三种海味原料各占 1/3，蔬菜的用量也不得超过主料的 1/3，因此是档次最高的一种咸馅。其特点是质感滑嫩松爽，口味咸鲜清香。

1．工艺流程

选料加工—腌制—调味拌制—成馅

2．工艺要点

选料加工：制作海三鲜馅的主要原料以鲜活者为好，也可以配一种干制海味原料，如鲜活的鱼、虾、蟹、贝类等，发好的海参等。鲜活原料都需经过去皮、刺或挑虾线、去沙袋或去壳取肉等工序，然后再切成黄豆大的丁，发好的干海味原料和时令蔬菜也切成同样大的丁。

腌制：将加工好的三种海味原料放盆内，加料酒、姜汁、精盐、味精等抓匀，腌制 30min。

调味拌制：在腌制好的主料盆内加其他调料调好口味，再放入蔬菜拌匀即成。

3．海三鲜实例

（1）海鲜馅

经验配方：鲜虾仁 200g，鲜贝 200g，水发海参 200g，青韭 200g，料酒、姜汁、精盐、生抽各 10g，味精 5g，胡椒粉 2g，香油 15g。

工艺方法：将虾仁去虾线洗净，与净鲜贝、海参分别切成黄豆大的丁，放入盆内，加料酒、姜汁、精盐腌制 30min，青韭择洗干净切好。在腌制好的馅料内放入胡椒粉、生抽搅匀，再放入味精、香油搅匀，最后放入青韭拌匀即成。

（2）鱼翅馅

经验配方：水发鱼翅 250g，鲜贝 100g，鸡肉 30g，海蟹肉 200g，香菇 15g，蘑菇 25g，玉米笋 18g，胡萝卜 20g，酱油 10g，老姜 5g，胡椒粉 12g，鸡精 10g，香油 15g，料酒 6g，精盐适量。

工艺方法：先将鱼翅、香菇、蘑菇、玉米笋、胡萝卜分别洗净，切成细粒状。鲜贝、鸡肉、海蟹肉分别用刀剁成蓉。将香菇、蘑菇、玉米笋、胡萝卜分别入沸水汆至断生捞出。将汆水的馅料挤干水分，加入其余原料和调味品搅拌均匀即成。一般用于炸、煮、烤等面点，如鱼翅脆皮角、鱼翅馄饨等。

（二）肉三鲜

肉三鲜馅是以两种海味原料配一种肉和一种蔬菜制成。其选料鲜活、干制海味均可，肉原料则猪、鸡均可。其配料比例以四种原料各占 1/4 为好，也可海味和肉各占一半，配少量蔬菜制成，其特点是鲜嫩香醇。

1．工艺流程

原料加工—腌制、调味—拌和成馅

2．工艺要点

选料加工：将海味、肉、蔬菜等按制馅要求分别清洗、加工。

腌制、调味：将加工好的海味和肉分别腌制和调味。

拌和成馅：将三种原料调和在一起即成。

3．肉三鲜实例

（1）三鲜馅

经验配方：鲜虾仁 200g，水发海参 200g，猪肉（或鸡肉）200g，笋尖 100g，蒜 10g，料酒、姜汁、精盐各 10g，生抽 15g，高汤 70g，味精 5g，胡椒粉 2g，葱花 25g，香油 15g。

工艺方法：虾仁、海参切丁放盆内加料酒 10g，姜汁、精盐各 5g 腌制 30min。笋尖和蒜要洗净切成筷头丁，分别焯水过凉控净水分备用。猪肉另放盆内加姜汁、胡椒粉、生抽搅匀，再分次加入高汤搅至有黏性，然后加精盐搅上劲，再加味精、葱花、香油搅匀。最后将三种原料倒在一起拌匀即成。一般用于蒸、炸等类面点，如三鲜饺、三鲜酥层饼等。

（2）瑶柱馅

经验配方：瑶柱 300g，猪肥瘦肉 100g，鸡腿菇 200g，酱油 7g，葱 10g，料酒 8g，姜汁 5g，味精 4g，香油 6g，精盐适量，虾油 6g。

工艺方法：瑶柱洗净后入碗，放入姜汁、葱、料酒入笼蒸 10 余分钟取出趁热压成丝剁细。猪肉洗净用刀剁成蓉。鸡腿菇洗净切成细粒用沸水焯至断生后挤干水分。猪肉加瑶柱，放入调味料搅拌匀，再放入鸡腿菇拌匀即成。一般用于包子、炸饼、酥点等面点，如瑶柱包子、油酥瑶柱饼等。

（3）鱼子馅

经验配方：虾仁 250g，鱼子 300g，猪瘦肉 200g，香菇 120g，韭黄 40g，葱 6g，

姜汁 8g，胡椒粉 10g，料酒 6g，酱油 10g，五香粉 6g，香油 9g，色拉油 20g，精盐适量。

工艺方法：先将猪瘦肉洗净用刀剁成蓉状。虾仁洗净用刀切成小颗粒，香菇洗净用沸水焯后切成细粒。韭黄洗净沥水用刀切细末。猪肉蓉、虾仁、鱼子放容器中拌匀，先加入调味料搅拌均匀，再加入香菇、韭黄拌匀即成。一般用于蒸、炸、煎等面点，如鱼子鸳鸯饺、薄皮鱼子小包等。

（三）半三鲜

半三鲜即以肉为基础，只含有一种海味原料，再配以适量炒熟的鸡蛋和少量的蔬菜制成。半三鲜虽质量较低，但使用较为普遍。其选料以猪肉、鲜虾仁为多，蟹肉、贝类肉也较多，也有用海米、湖米等。其配料比例一般为肉的五成，海味、鸡蛋、蔬菜共五成。半三鲜馅的特点是营养丰富、口感舒适、味道鲜美。

1．工艺流程

原料加工—腌制、调味—拌和成馅

2．工艺要点

原料加工：鲜海味的加工同海三鲜，海米、湖米等需用温水泡发后剁碎，鸡蛋炒熟剁碎，肉、菜同前。

腌制、调味：海味和肉的腌制、调味同肉三鲜。

拌和成馅：将所有加工好的原料放在一起拌匀即成。

3．半三鲜实例

（1）韭黄三鲜馅

经验配方：猪肉 300g，鲜虾仁 100g，炒熟的鸡蛋 100g，韭黄 100g，料酒、姜汁各 5g，姜末 10g，生抽 25g，高汤 80g，精盐 10g，味精 5g，香油 15g。

工艺方法：虾仁和猪肉的加工、腌制、调味同肉三鲜。韭黄择洗干净切碎，鸡蛋炒熟剁碎。最后将所有原料放在同一盆内拌匀即成。

（2）百花馅

经验配方：生虾肉 500g，肥肉 100g，蛋白 10g，白糖 10g，精盐 7.5g，味精 7.5g。

工艺方法：先将虾肉洗净，用干布揩干水分，用刀将虾肉斩烂成蓉，下精盐，搅拌至起胶待用。将肥肉切成细粒，同虾胶一起放入有盖的盆中，加入蛋白拌匀，然后盖上盖，放进冰箱冰冻。制点心前将馅从冰箱取出，再加入味精、白糖拌匀即可。多用于蒸、煎、炸制面点，如百花酿椒子等。

（四）素三鲜

素三鲜以具有鲜味的菌类原料香菇和植物性原料鲜笋为基础，再配以适量蔬菜制成。素三鲜馅不宜选用有特殊气味的原料如茴香、萝卜等为主要原料。其特点是无动物脂肪，口感清爽、味道鲜美。

1．工艺流程

原料加工—拌和—调味成馅

2．工艺要点

原料加工：菌类涨发要透彻，杂质清理要干净，全部原料要切碎脱水。

适量加油：由于素三鲜的原料中没有动物脂肪，所以馅心易散碎不成团而影响上馅工艺和成形工艺，所以馅心拌制中可适量多加一些植物油。

第四节　卤臊浇头制作工艺

面臊，俗称臊子、浇头、卤，是指在食用面条或米粉时所添加的馅料，是形成面条和米粉的最重要的调味部分，也是面条与米粉风味的主要基础。

由于面条和米粉是中国人的主要食物之一，因此面臊的种类很多，各地的称谓也不尽相同，制作的方法更是多种多样。根据制作的工艺和成品的特性，我们一般将面臊分为四类：盖浇类、汤料类、凉拌料、蘸汁类和焖炸类等。

一、盖浇类

盖浇类的浇头一般又分为炸酱、打卤、煎炒和干脯类等几个类别。这类浇头有荤有素，一般宜于浇配各种水煮面，如拉面、削面、拨面、猫耳朵、面条、揪片、掐疙瘩、擦尖、剔尖、抿曲、流尖、漏面、转面等。部分品种如猪肉稀炸酱、番茄炸酱、番茄卤、葱花酱醋卤等也适用于各种蘸面，作为蘸尖尖、蘸片等面饭的蘸汁。

（一）炸酱类

炸酱是使用各种酱为主要原料经过煸炒增香后，再加入各种辅料制作而成的一类常用的盖浇类面臊。使用的酱类多数为黄酱、甜面酱和豆瓣酱等。

荤炸酱指有肉及荤物作料物的炸酱。包括各种动物及肉，如羊肉炸酱、猪肉炸酱、小虾米炸酱等。此类炸酱具有火候足、色泽靓、香味浓、口味醇等特点。

素炸酱指酱内不放任何荤腥肉物，即使调料也不含葱花、大蒜、藠头、胡荽等辛辣原料。

1．肉末炸酱

经验配方：干黄酱 500g，肉馅 150g，清水 500g，葱、姜、蒜各 25g，味精 5g，白糖 10g，鸡粉 5g，大料 2 瓣，香油 100g，素油 100g，生抽 10g。

工艺方法：干黄酱提前加入清水 250g 调稀，备用。锅置火上，倒入素油，烧热至三至四成，锅中加入大料、葱、姜末，爆香，下入肉末煸香，烹入生抽至金黄色。然后，加入清水250g、鸡粉少许，烧开，倒入调好的稀黄酱，大火烧开，撇去浮沫，改小火烧制20～30min。待黄酱黏稠，加入蒜泥、香油略炸1min，即可出锅成熟。

2．素炸酱

经验配方：干黄酱500g，味精5g，白糖100g，鸡粉5g，大料2瓣，香油100g，素油100g，清水500g。

工艺方法：干黄酱提前加入清水250g调稀，备用。锅置火上，倒入素油，烧热至三至四成，锅中加入大料爆香。然后，加入清水250g，烧开，倒入调好的稀黄酱，大火烧开，撇去浮沫，改小火烧制20～30min。待黄酱黏稠，加入蒜泥、香油略炸1min，即可出锅成熟。

（二）打卤类

打卤是指将各种原料采用放入锅中，加入大量的鲜汤，采用烧、焖、煨等烹调方法加热而成的具有汁浓味长的一种盖浇类面臊，分为勾芡与不勾芡两种。

1．大酿卤

（1）经验配方

烧肉丁、番茄丁各100g，香干丁、熟黄豆、香菇丁、豆角丁、土豆丁各50g，海带丁25g，上汤300g，调和油25g，精盐3g，姜米、鸡精各1g，胡椒粉、葱花各2g，料酒5g，酱油10g，生粉8g，香油10g。

（2）工艺方法

锅内加水上火烧开，放入所有料丁汆一下捞出备用。炒锅内加油烧热，放入葱、姜煸炒出香味，加上汤以及汆好的各种料丁，再依次加入盐、鸡精、胡椒粉、料酒、酱油等调好味，用生粉浆勾芡，最后淋上香油即成大酿卤。

2．酸汤浇头

（1）经验配方

冬笋丝、香菇丝、豆腐丝各20g，醋30g，胡椒粉、盐各3g，味精2g，上汤300g，生粉10g。

（2）工艺方法

将冬笋丝、香菇丝、豆腐丝放入开水锅中汆一下捞出备用。生粉用水调稀备用。炒锅上火，锅内倒入上汤、醋、胡椒粉、盐、味精调成酸辣味型的浅棕红色汤汁，烧开后下入冬笋丝、香菇丝、豆腐丝，再用生粉浆勾芡即成酸汤浇头。

3．酸菜豆腐卤

（1）经验配方

酸菜200g，白豆腐100g，肉末25g，植物油25g，精盐、鸡精、红辣椒、香油、姜米各1g，酱油、葱花、料酒各2g，胡椒面3g，上汤400g，生粉5g。

（2）工艺方法

将酸菜洗净切成小丁，豆腐切成0.5cm的小丁备用。将炒锅上火烧热，锅内放入植物油、肉末煸香，烹料酒后下入葱、姜、干红辣椒、酸菜、豆腐丁，用中火煸出香味，再加入上汤、盐、鸡精、胡椒粉、酱油调好味，用生粉勾薄芡，最后淋入香油待用。

（三）煎炒类

煎炒类是指将各种原料放入锅中炒香后，不加汤汁或加入少量的鲜汤调味，一般不需要勾芡制作而成的一种盖浇类面臊。在有的地区又把它称为干脯面臊，如四川的担担面面臊和牛肉面面臊就属于此类。

1．酸辣醋卤

（1）经验配方

尖椒丁、炸豆腐丁、土豆丁、青豆、黄豆各20g，口蘑丁25g，海带丁50g，醋200g，盐3g，鸡精1g，上汤、白糖各20g，葱花5g，姜米2g，蒜泥10g，干红辣椒丁3g。

（2）工艺方法

将锅上火烧热，加入食用油、葱、姜、蒜、干红辣椒丁、尖椒丁煸出香味，烹醋炒出香味，加入上汤烧开后下入炸豆腐丁、土豆丁、青豆、黄豆、口蘑、海带丁，再加入盐、鸡精、糖调好味，炒出香味后盛盘。

用于刀削面、刀拨面的浇头，如再跟带各种菜码小料则效果更佳。

2．雪菜虾仁面臊

（1）经验配方

雪菜40g，虾仁50g，鸡汤250g，猪油25g，盐10g，鸡蛋清10g，味精3g。

（2）工艺方法

虾仁放碗内，加入蛋清和四盐，用筷子顺一个方向搅至有黏性，然后滑油备用。雪菜洗净切成细粒。猪油15g入锅上火烧热，下入雪菜煸炒，加入鸡汤、盐烧沸后改用小火烟煮5min，然后下入虾仁、味精，最后加入10g猪油起锅即成。

二、汤料类

汤面是面臊中的一个大类。适宜于制作汤面的主食品种一般都比较细、软、薄、碎。如拉面、切面条、面叶、抿曲、拨面、漏面、流尖、搓豌、揪片等。汤料的工艺方法，一般可分为兑汤、炝锅和烧烩三种。以下为一些荤、素汤料的制法。

（一）兑汤类

兑汤是指将原料提前加工预熟，然后加工成片、丁、丝、条、块等形状，再与大量的鲜汤兑在一起并调味的一种汤料类面臊。如陕西羊汤面、雪菜面、北京卤煮火烧的浇头均属此类。

1．清汤

（1）经验配方

鸡汤或肉汤 250g，芽韭段、酱油、味精、胡椒粉、香油、熟菠菜叶、紫菜、精盐各少许。

（2）工艺方法

将辅料全部兑入一碗中，舀入鸡汤（肉汤不宜过浓）冲开即成。辅料中亦可加放香菜、葱花。主要根据食者口味。此汤最宜于吃细面条、拉面、面叶等使用。食时将面捞在碗内即可，味重者可略加精盐。

2．肉丝汤

（1）经验配方

熟猪肉丝（肥瘦）50g，肉汤（或鸡汤）200g，芽韭段、酱油、味精、胡椒粉、香油、熟菠菜叶各少许。

（2）工艺方法

将熟肉丝放入碗内，加酱油、味精、胡椒粉、香油喂起（味重者可略加精盐），放入熟菠菜叶，舀入肉汤冲起，撒上芽韭、淋入少许香油即成。

（二）炝锅类

炝锅是指使用姜、葱、蒜、花椒、辣椒煸炒出香后，加入主料、辅料煸炒，再加入大量的鲜汤并调味制作而成的一种汤类面臊。如四川豌豆炸酱面、陕西刀拨面、扬州虾仁鸡汤面的浇头均属此类。

1．肉丝炝锅

高汤 400g，食用油 40g，酱油 20g，冬笋 20g，海带、成末，蒜切成片。锅上火放入食用油、花椒，油热后捞出花椒，投入肉丝煸炒，待肉丝变为白色时，先加入葱、姜、蒜、笋丝和海带丝煸炒，然后再加入酱油、精盐、高汤，烧开后，撒入胡椒粉、味精，倒入盛面的大海碗中，撒上芽韭段即成。

2．窝蛋炝锅

（1）经验配方

鲜鸡蛋 2 个，猪肉 50g，食用油 100g，酱油 20g，香菇、菠菜叶、味精、精盐、花椒、芽韭、葱、姜、蒜各少许，高汤 400g。

（2）工艺方法

锅上火添入清水约 600g 烧开，改用小火将鸡蛋缓缓磕入开水锅内（或把蛋磕入碗内再顺锅边轻轻倒入）煮约成荷包蛋（俗称窝蛋），捞出盛碗内备用。猪肉切成肉丝，香菇抹刀切成片，葱切成马蹄段，姜切成末，蒜切成片，菠菜切成小块。锅擦净再上火，放入食用油、花椒，油热后，捞出花椒，投入肉丝及葱、姜、蒜、香菇、菠菜煸炒，然后加入酱油、精盐、味精及高汤，最后投入荷包蛋，待汤烧开后，倒入盛面的大海碗中，撒入芽韭段即成。

3．炝锅面卤

（1）经验配方

肥瘦肉丝各 30g，熟猪皮丝 20g，海带丝 50g，豆芽 20g，炸豆腐丝 30g，盐、酱油、葱花、姜末各 3g，干红辣椒丝、大料各 1g，上汤 250g。

（2）工艺方法

将肉丝、猪皮丝、海带丝以及豆芽、豆腐丝等分别在开水中汆一下捞出。上汤入锅用中火烧开，加入盐、酱油、上汤调好口味，放入海带丝、肉丝、豆芽、炸豆腐丝，煮开后浇在煮好并装入碗内的面条上。锅内加入少许油，放入大料炸出香味后捞出。将葱花、姜末、干红辣椒丝放在浇好卤的面条上，再将热油蛤在上面即成。

（三）烧烩类

烧烩类是指将适宜的锅放于火上，添入鲜汤烧开，加入主料、辅料和各种调味料，然后放入所要食用的面条或米粉等加热成熟，面熟后直接连锅同上食用或再倒入适宜的器皿中食用的一种汤类面臊。如砂锅什锦面、砂锅鱼汤面、生丸烩锅盔，烧汤面火锅、河南烩面。下面以砂锅什锦面为例。

（1）经验配方

冬笋、香菇、海米仁、鱿鱼、鱼肚、蹄筋、白煮熟鸡丝各 50g，鸡鸭汤 700g，酱油、精盐、味精、胡椒粉、姜末、料酒、豌豆苗、鸡油各少许。

（2）工艺方法

将冬笋、香菇、鱿鱼、蹄筋、鱼肚切成抹刀片，用开水汆好备用。将小砂锅置于小火上，添入鸡汤，放入什锦料和作料，烧开后煮入所食的面（一般适宜煮食伊府面、翡翠面、蛋黄面等），面熟后撤锅，撒入豆苗段，淋入鸡油即成，食时就锅吃面，以锅代碗。

三、凉拌、蘸汁类

凉面和蘸面是面食中的另外两类。凉面主要是夏季食用，讲求凉爽利口。一般宜于制作凉面的品种主要有拉面、细硬面条、菠面搓鱼等。而蘸面却以热吃为主，四季适宜，讲究软嫩筋滑。食用的品种有蘸片、蘸尖尖等。这两种面食调味用料也比较广泛，口味花样也比较繁多。

（一）凉拌料

凉拌料是指用各种原料和调味品调制成各种的调味汁，食用时拌入面食或米食中的一种面臊。它一般以芝麻酱为主要原料，黄瓜丝、蒜泥汁、芥末汁、醋、精盐、辣椒油为辅料，浇于面食表面。

1．芝麻酱汁

将麻酱放入碗中，加入适量精盐和凉开水，用筷子搅拌开，待全漂开时，再加入少量凉开水，再搅至全溜开，再添水再搅，这样反复多次，直到麻酱调成稀糊状时即成（用香油调汁更佳）。在搅拌时要注意千万不可一次加入过多的水，否则将会成为小碎疙瘩，俗称“脱水”，难以使麻酱和水均匀地调和在一起。

2．蒜泥汁

将蒜瓣拍碎，用刀背斩成泥或者将蒜放入碗内捣烂成泥，加入适量凉开水即成。

3．芥末汁

芥末面放入碗中，用少许开水泼入，用筷子搅成硬团，反复拧搅即可出味。或者盖上盖放置温热处或灶火边，约 20min 辣味窜出，加入适量凉开水调成汁即成。

4．油辣椒

干辣椒压碎（或用辣椒面），放入碗内。火上置锅，放入食用油、花椒，待油热后捞出花椒，滚油炮入辣椒内即成。

（二）蘸汁料

蘸汁料是指用各种原料和调味品调制成的各种调味汁，食用时由食用者选择蘸食的一种面臊。如怪味汁、三合计、红油汁、牛腩汁、番茄汁、羊汤汁等。

番茄蘸汁以番茄为主要原料，将番茄用开水烫皮，去掉皮、蒂，切碎（或撕碎）。锅上火加入食用油、花椒，油热后投入葱花、蒜片、姜末、番茄煸炒，然后加酱油、精盐略烧熬片刻。在番茄卤内加入蒜泥、辣椒油、醋及少许酱油、香油、香菜调匀即成番茄蘸汁。食时用筷子夹面，蘸汁而食。

四、焖炸煎炒类

焖面、炸面和炒面是面食的又一种吃法，这类面食的食制品种有一定局限性，但风味却比较独特。特别是焖面在晋中、太原和晋东南地区有着传统的食用习惯，乃是当地的面食主要吃法之一。焖炸煎类面条有伊府面、乌冬面、热干面、豆角焖面、肉丝焖面、三鲜翡翠面等。

焖面的主食品种主要是面条和搓鱼，而用炸面做焖面却是 20 世纪 60 年代以后新创的一种吃面方法，一般以拉面为主，常在筵席上使用。

南瓜焖面的制法是煸锅上火，放入食用油烧热，将葱花、蒜片煸炸出香味，再倒入豆角、南瓜条在锅中翻炒，加入酱油、盐、味精炒拌均匀，加入清水烧煮，最后将白面拨鱼撒在上面，盖上锅盖将面焖熟即成。

第五章　装 饰 工 艺

中式面点的装饰工艺是指在面点的成形、熟制和装盘工艺中运用造型变化、色彩搭配等艺术手段组合成品的工艺过程。面点制品给客人的第一感官效果是成品的颜色与造型。色彩清新自然、造型动人美观的制品将会引起人的食欲，提高其商品价值。

第一节　中式面点的造型

中式面点的造型主要包含两方面的意义。一是指点心本身的形态，这主要是在成形工艺中掌握其造型方法。二是指若干件造型相同或不同的点心在盛器中结合成具有一定形状或物象的艺术造型，又称盘饰艺术（工艺）。

一、中式面点造型分类

中式面点的造型根据不同地区、不同民族、不同风味流派的特点各有不同的造型方法。基本分类如下：

（一）按造型方式分类

1．仿几何型

它是模仿生活中的各种几何图形而构成的面点造型。由于仿几何造型简单、快捷，所以在面点工艺造型中被广泛采用。它是面点造型艺术的基础，也是中式面点工艺技术的基本功。它分为单几何造型和组合式几何造型。

单几何造型：指点心的形状是一个独立的几何形状，如粽子的立体四角形、汤圆的球体、馅饼的圆柱体、冠顶饺的棱锥体、酥条的长方体等。

组合式几何造型：指点心的基本形状是由两种以上单几何形组合而成的，如双层的裱花蛋糕即是两个不同直径的圆柱体的组合。

2．仿植物型

它是模仿自然界各种植物的形态塑造的面点造型，如荷花酥、菊花酥、梅花饺、白菜饺等是仿荷花、菊花、梅花、白菜等植物的外形构造成形的，而石榴包、苹果包、柿子是仿石榴、苹果、柿子的果实塑造而成的。

3．仿动物型

它是模仿自然界各种动物的形态塑造的面点造型，这也是一种广为流行的面点造型手法。无论是发酵面、澄面、酥皮面还是水调面均可采用这种造型手法，如绿荫玉兔饺、金鱼饺、豆沙小鸡酥、虾酥、刺猬包等。

（二）按成型手段分类

1．手工成形

是以手工技法加工而成的点心造型方法。在成形方法上主要采用捏、叠、卷、剪、钳花等手法。手工成形具有造型精美、形象逼真、立体感强、形态各异的特点，适合做精细的筵席点心。但是手工成形费工费时、效率较低，不适合大批量生产，因而大众化的小吃和面食不适宜采用手工成形的方法。

2．印模成形

是以刻有不同花纹的模具为基本工具，辅以手工操作加工而成的点心造型方法。在成形方法上主要采用擀、包、按加模具的手法。其特点是剂量一致，形状多样，可酿馅、包馅，效率较高，适合餐饮业批量生产。但是印模成形形态单一、线条简单。

3．机器成形

是以固定在机器上的“印模”或其他装置为依托，由机器完成造型工艺的点心造型方法。其特点是形状简洁、纹路清晰精美、省工省力，有利于大批量生产；但造型单一、死板、立体感较差。机器成形在餐饮业较少采用，一般适合食品加工厂采用。

二、造型艺术在盘饰工艺中的应用

中式面点工艺中的盘饰方法一般有面塑、糖塑、裱花、编织等。面点工艺的装饰与绘画一样，也是表达人类情感的形式语言，它通过构思、布局，不仅赋予了制品食用价值，而且增加了观赏价值，提高了商品价值。

（一）面塑工艺

1．面塑的概念

面塑是以面粉或澄粉为主料，按一定比例添加油、糖、盐等辅料，将其调制成可塑性强的面坯，经捏塑制成动物、植物及其他物品形态装饰品的工艺过程。

面塑造型以手工成形为主，其制品以面坯为表现载体，虽可以食用，但以观赏为主，如陕西和山西民间的花馍。

面塑造型按实用性分为可食性的，如丰收柿子、葫芦满架等面塑点心；观赏性的，如龙、凤、面人等面塑看点；还有起点缀作用的花、草、编织物等。

2．面塑工艺要领

任何一种面塑面坯必须具有柔软、可塑性强的特点。面塑原料的色彩搭配应协调自如。操作应在凉爽的室温下进行，同时避免风直吹。面塑造型力求简洁，起观赏、点缀作用的面塑，在其表面刷鱼胶液可保留较长时间。

（二）糖塑工艺

1．糖塑的概念

糖塑是以食用白砂糖为原料，将其加热熔化，通过特定的工艺流程，借助模具塑造成各种形态的装饰品的工艺过程。

糖塑品的制作，要求厨师具备娴熟的技艺和丰富的艺术想象力。传统的糖塑作品是糖花或花篮，以后又有了糖宝塔、糖车等作品。近年来，又出现了许多大型建筑式的糖塑作品。

糖塑制品晶莹透亮，一般用来装饰、点缀成品，以烘托气氛，虽然可食，但属于观赏性制品。

2．糖塑工艺要领

熬糖时的水量、柠檬酸量要适当，否则易返砂。熬糖时需适当掌握火候，一般是先大火，后中、小火。糖塑一般要事先备好模具。糖的特性决定了糖塑工艺必须动作娴熟，做到快、稳、准。糖塑工艺操作时，室温以凉爽为好。

（三）编织工艺

1．编织的概念

编织是以面粉为主要原料，利用面坯的延伸性、可塑性仿照民间生活用品的编织方法进行的一种面点造型艺术。面点工艺中的编织内容丰富多姿，花篮、笸箕、笼屉等均是作品模仿的对象。

2．编织工艺要领

面坯中水多，工艺过程面易风干、断条。面坯中加蜂蜜可防风干。模具不可抹油太多，否则成品易发霉。编织时，纬条必须是单数。编织时，凡连接点必须用少量鱼胶液粘牢，如鱼胶液太多，易渗透面皮使之与模具连接，这将不利于成品与模具分离且成品容易发霉。编织过程中，经、纬条应尽可能紧密，否则经干燥，成品表面松散。

（四）裱花工艺

中式面点的裱花工艺是从西式面点的裱花蛋糕中借鉴而来，因而它在表现中式文化习俗中蕴涵着西式文化的色彩。

1．裱花的概念

裱花是利用纸筒、布袋、裱花嘴等挤注工具，在饼坯、糕坯上挤注花样的装饰性工艺过程。这是面点图案制作工艺中难度较大的一种工艺技巧。裱花的原料大多采用油脂、糖粉、蛋清等原料调制的油膏、糖膏、蛋膏、奶膏等。裱花的基本图案有星形、花形、叶形、曲线形、点形、圈形、字母及简单的风景纹样等。

2．裱花工艺要领

正确使用原材料。原料的使用主要应注意以下几点：

第一，琼脂的使用。用琼脂调制裱花糖膏可使裱花图案的表面呈胶体状，起到美化、装饰的作用。琼脂糖浆熬制后一定要过箩，滤去小硬块，以免硬决混入糖膏，造成裱花口堵塞，使裱口破裂。

第二，蛋白的选用。制作蛋白膏最好选用蛋白浓稠度高、韧性好的新鲜的蛋白。

第三，原料间的比例。主要原料中油脂、蛋白、糖浆、琼脂之间的比例和用量要根据糖膏的用途而定。凡用来涂面或夹心的，因塑性要求不高，糖可稍多；而用来挤注花形的，要求塑性良好，故糖的用量要稍少，蛋白的比例应加大。

第四，糖膏的拌制。裱花用的糖膏、油膏，尤其是蛋白膏要求搅打得气孔细密、软而不塌，这样裱出的图案花纹才清晰。

第五，适当加酸。制作糖膏时，适当加一点柠檬酸可帮助糖膏凝固，增加其光洁度。用这样的糖膏裱成的图案不易变色，还具有水果味。

选好裱制工具：要根据表现对象的不同，选择不同齿口形状的裱花嘴。

正确使用裱头。裱头的使用应注意以下两点：

第一，裱头的高低和力度。裱头高，挤出的花纹瘦弱无力。齿纹易模糊；裱头低，挤出的花纹肥大粗壮，齿纹清晰。裱头倾斜度小，挤出的花纹瘦小；倾斜度大，挤出的花纹肥大。裱注时用力大，花纹粗大有力；用力小，花纹纤细、柔弱。

第二，裱头运行速度。不同的裱注速度，制成的花纹风格大不相同。对于粗细大小都较均匀的造型，裱注速度应较迅速。对于变化有致的图案，裱头运行的速度要有快有慢，使挤成的图案纹样抑扬顿挫、轻重相间。

配色要自然、淡雅：裱花图案的色彩以使用天然色为主，必要时可辅之以化学合成色素。

文字使用要得体：要选用适当的字体，注意文字的含义，字的排列和布局要根据图案中其他纹样的色彩，选择明度、色度适宜的文字色彩。

三、中式面点造型实例

（一）面塑一

1．经验配方

江米面 100g，玫瑰粉 500g，蜂蜜 50g，盐 5g，开水 450g。

2．工艺过程

开水溜开蜂蜜和盐。

玫瑰粉、江米面过箩，放入盆中，加入蜂蜜、盐水的混合液，用开水将面和匀揉透。

将和好的面放入盘内，上屉蒸 40min。

将蒸熟的面坯取出，趁热搓匀、搓透，直至面坯光滑、滋润不粘手为止。

将搓匀的面坯用保鲜膜封好，存入保鲜柜中 2d 以后使用。

3．面坯特点

筋韧光滑，不透明，可塑性强。

4．说明

江米面与面粉的比例应随季节变化。冬季，江米面∶玫瑰粉=3∶7；夏季，江米面∶玫瑰粉=2∶8。

如在面坯中加入防腐剂可使成品存放 50 年以上。

面和得硬些有利于造型。

一般用广告色着色，不能食用，起观赏作用。

（二）面塑二

1．经验配方

澄粉 400g，淀粉 200g，猪油 5g，沸水适量。

2．工艺过程

将澄粉、淀粉混合均匀倒入盆中，将粉拨往盆的一边拨平，并使粉占据盆底面积的一半。

将沸水倒入盆中无粉的一边，沸水的体积约是粉体积的 4/5。用擀面杖将水、粉混合均匀。

将大理石案子表面刷油，将面团倒在案子上，加入猪油用力搓匀擦透揉滋润。

3．面坯特点

筋韧光滑，呈半透明状，可塑性强。

（三）芝麻糖花篮

1．经验配方

主料：白糖 550g，芝麻 275g，酸砂（柠檬酸）3 挖耳勺，水 175g，白兰地 5 滴。

配料：糖粉 200g，蛋清 10g，醋精 3 滴，猪油，红绸带。

2．工艺过程

芝麻洗净、晾干，备用。

将模具（篮筐、篮底、篮提手、篮面）表面抹一层猪油，用油纸贴好，备用。

将白糖、水倒入洁净的不锈钢锅中，上火烧开。糖水烧开后用细筛将脏沫滤出，加入酸砂。

待糖浆温度达到 140℃（呈黄色）时，倒在抹过植物油的大理石板上。掺入白芝麻，用抹过油的平刀迅速将糖浆与芝麻翻匀，当温度降至手能操作时，双手反复抻、拉糖块直至芝麻糖发亮。

用刀按需要切块，用擀面杖将芝麻糖擀薄，再趁热包贴在模具表面，用剪子剪去多余的糖边。

用锅中多余的糖浆作黏合剂，趁热将篮筐、篮底、篮提手、篮面黏合固定组合成篮子状。

糖粉、蛋清、醋精搅均匀，呈有黏性的糖膏（可滴几滴白兰地），在花篮边沿裱出糖网。在花篮的提手中间用红丝带系上蝴蝶结。

3．成品特点

晶莹剔透，色泽金黄，呈透明状。

4．说明

酸砂可抑制糖的返砂，但用多了糖会变软，影响造型。

醋精可使糖糕色泽更白。

（四）面的编织

1．经验配方

面粉 500g，蛋清 2 个，蜂蜜 75g，鱼胶粉 25g，清水 80g，猪油。

2．工艺过程

将鱼胶粉 15g 倒入碗中，用 50g 水溶解，封上保鲜膜，放入微波炉中加热至全部溶解。

将面粉、鸡蛋清、蜂蜜、水 25g、鱼胶液全部倒入盆中混合均匀，上机器反复轧滋润，成 1.5mm 的薄片，切出 0.7cm 宽的细条（用保鲜膜包好，随用随拆封）。

另取鱼胶粉 10g，清水 5g 入小碗上笼蒸化（或用保鲜膜封口，进微波炉熔化）。在模具外层均匀涂抹上一层猪油，入冰箱冷冻。

以鱼胶液为黏合剂，根据想象，沿模具外层编织成任意形状。

风干后，脱模即成。

3．成品特点

风格自由，形状各异，结实耐用，形象逼真。

（五）奶油膏

1．经验配方

鲜奶油 500g，白砂糖 150g，香草粉 2g。

2．工艺过程

将鲜奶油放入洗涤干净的不锈钢锅里，加入白砂糖和香草粉，放入冰箱中冷藏 20min，取出用蛋甩帚抽打成膨松状即可。放于 1～5℃环境中备用。

3．特点

色泽乳白，膨松细腻。

（六）裱花糖膏

1．经验配方

糖粉 500g，蛋清 70g，醋精十几滴（约 2g）。

2．工艺过程

糖粉过箩后放入容器中，加入蛋清，充分搅拌至浓稠变白到能立住花的程度，滴入醋精继续搅拌至其明显增白，再充分的搅拌至糖粉用工具挑起后前端能立住尖即可。

3．成品特点

色泽洁白，质地细腻，美观漂亮。可用于糕点挂皮、抹面、制作立体花纹图案，也可用于挤注花草、动物等。

4．说明

选用的糖粉要以细腻为好，这样制成的糖膏才能细腻有劲，便于工艺的操作。

蛋清要洁净，不能混入蛋黄和杂物。

（七）蛋白膏的制法

1．经验配方

蛋清 250g，白砂糖 500g，结力片（明胶）10g。

2．工艺过程

蛋清放入容器中，用蛋甩帚充分抽打至蛋清能立住花为止。

白砂糖放入锅中，加入 250g 水熬制，熬到用一个直径 1cm 的圆铁丝圈，在锅里蘸熬出来的糖，立即用嘴吹，能吹出泡时即好。

将浸泡回软的结力片捞出，放入熬好的糖中溶化均匀。

左手端起沸腾的糖锅，右手持蛋甩帚，把熬好的糖趁热冲入打好的蛋清中，边徐徐地倒入糖浆，边搅打蛋清。待糖浆全部倒入后，继续搅打蛋清能立住花即成。

3．特点

洁白细腻，美观漂亮。可以在大小蛋糕上抹面、挤花、挤图案。

4．说明

蛋清要洁净，不能混入蛋黄和杂物。使用的工具要保持干净。

蛋清打好与糖熬好的时间应该同步。

结力片要先用冷水泡软。

（八）琼脂膏（冻粉皮）的制法

1．经验配方

冻粉（琼脂）50g，冷水 2000g，白砂糖 10g，香精少许。

2．工艺过程

琼脂用冷水洗涤干净，放入不锈钢的锅里，加入清水 2000g，将琼脂泡软后，上火小火加热。等到琼脂溶化后，加入白砂糖继续加热至糖沸腾溶化，取出过滤。

过滤后继续加热，熬到糖能挂住木板，离火，加入香精调好口味。

待冷却凝固后，用刀切成块状备用。

3．特点

软硬适宜，透明不黏。可用于挂水果点心皮，各种水果派。

4. 说明

必须将琼脂全部溶化后才可以加入白砂糖。

不可加水过多，不然破坏琼脂的凝固性。

第二节 中式面点的色彩

中式面点的色彩也有两方面的含义。一是指点心成品本身所具有的颜色；二是指经过盘饰工艺后整盘点心给人的整体的感官色彩效果。

一、面点色彩的来源

中式面点制品的色彩主要来源于三个方面。第一，来源于面点原料本身的天然色泽，即面点原料本身的固有颜色；第二，来源于人为添加的色素；第三，来源于工艺手段中的自然着色，即面点原料在成熟中的生化变色。

（一）原料固有色的应用

由于面点工艺中使用的原料十分广泛，其中许多原料本身就含有天然色泽，具有各种美丽的色相，并且它们的纯度、明度变化多样，层次丰富多彩，如浅黄色的鸡蛋液、纯白色的奶油、咖啡色的可可粉、绿色的鲜豌豆、粉红色的虾肉、黑色的芝麻等。

在面点工艺中，充分利用原料的固有色，这不仅使成品的色相自然、色调优美，也适应广大消费者对色彩安全卫生的要求和饮食追求营养的要求。

夏季用西瓜汁调制的粉色面坯、春秋季用油菜或菠菜汁调制的翡翠面坯、冬季用胡萝卜泥调制的橙色面坯，配上各种卤做的四季时令蔬果面条，是原料固有色在中式面点工艺中的合理应用。

（二）化学合成色素的应用

由于食用合成色素一般具有溶解性大、染着性好、稳定性高的特点，因而在面点工艺中常常被采用。但是在面点工艺中，化学合成色素在使用过程中常常会发生一些变异现象。

1. 化学合成色素的变异现象

各种合成色素溶于不同的溶剂中，可能产生不同的色调。用水或酒精作溶剂时，某些色素可能配制出不同色调的溶液。如以某一定比例的红、黄、蓝三色的混合物，在水溶液中色较黄，而在50%的酒精溶液中则色较红。

由于面点食品在着色时一般为潮湿状，当水分蒸发逐渐干燥时，色素会随着较集中于表层，造成所谓“浓缩影响”。如做苹果酥时在其表面喷的红色，以浅、淡为宜。因喷色后的苹果酥坯还要进 180℃的烤炉烘烤，此时利用其水分蒸发造成的“浓缩影响”，正好达到本来目的的色彩。

拼色中各种色素对日光的稳定性不同，褪色快慢也各不相同。如靛蓝褪色较快，而柠檬黄不易褪色。这样由靛蓝和柠檬黄配制的绿色，在日光下易变为黄绿色。

2．面点工艺中合成色素使用注意事项

色素溶液浓度为 1%～10%。

色素溶液应按每次用量配制。

色素溶剂应选用冷却后的沸水。

（三）工艺手段着色

面点的色彩，主要来源于原料自身，这有两层含义。一是各种原料在加工前就具有的色彩。如前所述的四季蔬菜面，这是原料固有色。二是各种原料因加热工艺的影响，或其他综合作用的影响，使面点原料自身产生了色彩的变化，形成熟制工艺前未有的色彩。这种现象本来也应属于原料固有色着色，但由于它是在面点成熟工艺完成后经原料的生物化学变化、物理变化才形成的色彩，为区别前者的色彩是在加热前形成的，姑且将其归为工艺手段着色。

1 第五章 装 饰 工 艺刷蛋着色

在面点生坯的表面刷一层鸡蛋液，是运用工艺手段，借助原料固有色进行着色的最基本方法。

在点心生坯的表面刷一层蛋液，经烘烤使成品表面附有一层淡黄色、金黄色或棕红色，可达到美化食品，增加色彩的目的。如做小鸡酥时鸡的背部、嘴部着色，做甘露酥、桃酥时的表面着色。

2 第五章 装 饰 工 艺糖焦化着色

某些面点原料中含有一定量的糖类，糖类在烘烤、油炸、煎烙等成熟工艺中，会发生糖焦化作用，使成品呈现出金黄色、棕红色等。这种面点色彩的变化称为面点工艺的糖焦化着色。

面点工艺手段着色其上述色度、色相的变化，主要是通过三种手段来调节。第一是通过面坯本身含糖量的多少来完成。第二是通过成熟时使用的火力大小和温度的高低来实现。第三是油炸和煎烙工艺中，由于油脂本身含有不同的色素，因而油脂本身的固有色也会使成品着色。

一般说面坯中含糖量高，成熟时火力大，油炸、煎烙时用油色素成分高（花生油、大豆油、菜籽油），则明度、色相变化快，成品色彩深；而面坯中含糖量少，成熟时火力低，油炸、煎烙时用油色素成分低（猪油、色拉油），则色度、色相变化慢，成品色彩浅。如油条、麻花、麻团、桃酥、饼干、烙饼、煎包、锅贴都是经成熟工艺着色的。

二、色彩在造型工艺中的应用

（一）面点色彩的运用技法

中式面点色彩的运用技法大致分为四种。

1．上色法

上色法是指用笔刷在面点制品表面刷上有色液体，使产品表面着色的工艺过程。

这种面点的着色方法一般是在生坯的表面，刷上饴糖水、蛋液或有色液体，使成品外皮呈现棕黄色、蛋黄色或棕红色等。采用这种着色方法，成品不易再吸收其他色素，一般适用于烤、烙、煎、蒸等成熟方法，如桃酥、广式月饼、油酥烧饼、花馍等。

应该指出的是，有些从业人员习惯对已蒸制成熟的面点制品采用上色法着色，这是一种极不卫生的做法。工艺中如确有必要在熟制品表面采用上色法着色，那么着色后制品必须重新加热消毒。

2．喷色法

喷色法是将有色液体喷洒在面点生坯的表皮，而面坯内部则保持本色的着色工艺过程。

喷色工具一般使用喷壶（或干净的牙刷和筷子，牙刷蘸色液后用筷子轻轻拨动喷洒），喷壶要能够调节色液的数量和浓稠度。有色液体一般使用化学合成色素的稀释溶液。成品色调的深浅，可采用调节色液的浓稠度、喷洒时距离的远近和喷色时间的长短来决定。如苹果酥，寿桃的着色均是采用这种方法。

采用喷色法着色时，整个工艺应在便于刷洗的不锈钢案台上进行。如在木制案台上操作，应在案台表面铺上垫纸，防止有色液体渗入木纹中。

3．卧色法

卧色法是将有色物质掺入面坯原料中，使本色面坯呈有色粉团的着色工艺过程。

其中有色物质既可以是化学合成色素，也可以是有色天然食品原料。天然食品原料主要有胡萝卜泥、豌豆泥、可可粉、西瓜汁、菠菜汁、枸杞红溶液、黑芝麻溶液等。如四季蔬果面条即是采用这种工艺技法的成品。采用卧色法工艺着色时，应注意坚持着色以淡为贵的原则。

4．套色法

套色法是两种以上色泽的面坯原料经包、粘、贴、摆、拼等造型手法配合使用的一种面点着色工艺过程。套色粉既可以是本色面坯与卧色面坯相互包裹使用，也可以是几种卧色面坯配合使用。苏式面点中的船点是套色技法的典型范例。

在对面点进行着色时，不论采用哪一种技法都应注意，首先要保证色彩的纯度，保证一盘点心只有一个主色。色相杂乱无章，会使整盘点心的色彩纯度降低，会给客人以灰暗、压抑和不洁的感觉。其次对蓝色的使用要慎重，因为在自然界可用的蓝色食物极少，人类从自我保护的心理反应出发，会联想到蓝色食品是霉变食物，因而蓝色要慎用。

（二）面点色彩运用原则

1．坚持本色

坚持本色是指面点工艺中保持其面坯本来固有的色泽。这是面点色彩运用中的首要原则。因为本色点心的成品色彩自然，给人以卫生、安全感，同时也有利于发挥面点制品的本味特征。如奶油蛋糕上的裱花装饰，应尽可能地使用奶油的本色，装饰物多用巧克力饰片等。

2．少量缀色

少量缀色是指面点工艺中在坚持本色的基础上，对制品适当装饰点缀少量色彩。值得注意的是这种点缀的色彩原料，应该是食品工艺中可食可用的原料。如在炸好的金黄色酥合表面，撒一些红色樱桃碎；在蒸好的四喜饺上，点缀四种颜色的可食用原料：火红的火腿末，油黑的冬菇末，碧绿的青菜末，浅黄的蛋皮末；在蒸熟的烧卖表面，点缀上鸡蛋或咸蛋黄末。

3．控制加色

控制加色是专指面点工艺中对合成色素的运用而言。按照我国对食品添加剂的使用卫生标准，面点工艺在色彩的运用中坚决禁止使用非食用色素。对食用合成色素的使用，也必须严格按国家的规定标准。

4．略加润色

略加润色指面点工艺中，对点心制品的进一步修饰，使成品色泽更明亮或更具光泽。如广东虾饺蒸制成熟后，再在其表面儿淡淡地抹一层植物油脂；月饼在烤制成熟后，第二次刷蛋液进一步着色；羊肉烤包出炉后的刷油；四喜饺的四种配菜中稍加油脂拌制等，均称为对点心的润色。点心在润色时应注意不要浓妆艳抹，恰到好处即可。

第三节　面点原料对造型与色彩的影响

面点原料自身的特性是影响面点图案造型与色彩的直接因素。

一、面粉对面点造型与色彩的影响

（一）面筋蛋白质的影响

面粉中的面筋蛋白质是点心造型的骨架，面筋蛋白质含量的多少，对点心成品的造型和口感起直接作用。比如含面筋蛋白质少的面粉，虽然具有较强的可塑性，但其流散性大，用它制作象形点心易流散变形，因而选择松散性的、夸大性的仿几何图形和模具造型较好。用它做各式饼干、酥条不仅造型简洁大方，而且具有酥松甘化的口感特征。

含面筋蛋白质多的面粉，尽管可塑性稍差，但其筋力大、骨架坚实、不易流散，因而用它做酥皮类点心造型时，成品表面光洁明亮，层次分明清晰，不易变形。特别是用它制作酵母膨松面坯的造型点心时，不仅膨松、色白，而且不易变形。

（二）麦麸的影响

面粉中的麦麸，对点心色彩的明暗和组织结构的粗细起重要作用。含麦魏多的面（如普通粉），成品色泽较暗，组织结构也较粗糙；而麦麸含量少的面粉（如特制粉），成品色泽明快洁白，组织结构较细腻。例如用普通粉和特制粉分别做馒头，当技术水平一致时，其颜色是不同的。可见不同品质的面粉，对点心的造型和色彩均有一定的影响，在面点工艺造型中应引起注意。

二、米粉对面点造型与色彩的影响

（一）蛋白质和淀粉的影响

米粉虽然也由淀粉和蛋白质组成，但是它所含的蛋白质是吸水不能形成面筋的蛋白质，淀粉是黏性大的支链淀粉。因而就米粉本身来说虽然可塑性较强，但是它流散性也强，因而单独进行造型工艺较困难，一般只能选用仿几何图形造型或用模具造型，如元宵、年糕、艾窝窝、麻团、八宝饭、定胜糕等。

米粉中的淀粉遇热水膨胀，它糊化后具有黏性大的特点。利用这一特点可将其与其他原料配合使用。如将糯米粉与胡萝卜泥、土豆泥、山药泥、芋头泥、南瓜泥、红薯泥以及澄粉、淀粉混合使用，可弥补这些原料易散碎、无黏性、无韧性的缺陷，从而使上述原料有造型的可能。如南瓜饼、像生梨、薯蓉蛋、山药糕等。

（二）大米品质的影响

大米本身的品质对色彩也有极大影响。新鲜的大米磨出的米粉颜色白，用其制作的成品洁白明亮，新鲜有光泽；而用陈旧的大米磨出的米粉色泽较暗，制出的成品色泽发灰且暗淡无光。

（三）大米品种的影响

粘米磨出的粉，组织粗糙、松散、流散性大，不易造型，因而其工艺造型选用模具法较多；而糯米磨出的粉，组织结构细腻、光滑，黏性大，可配合其他原料进行线条细腻的工艺造型。

三、油脂对面点造型与色彩的影响

油脂是面点工艺中最主要的辅料之一，它的性质在面点的造型工艺中起特殊作用，尤其是在油酥类点心的造型中更为重要。

（一）油脂具有润滑性和间隔性

油脂的润滑性和间隔性可以降低面坯的黏着性，便于工艺造型操作。如油饼、油条面坯的成形工艺——擀、麻花面坯的成形工艺——搓、烫面炸糕面坯的成形工艺——包，都需要在案子上或手上抹适量的油脂，以避免成形工艺中粘手、粘案子而影响造型。

（二）油脂具有疏水性

面点工艺中利用油脂的疏水性，可以制作出有层次的面点，同时保持成品的滋润，防止成品因水分的蒸发而萎缩变形。例如，酥合（圆酥）、橄榄酥（直酥）这些明酥类点心，其明显的层次纹路，是由油脂与水的不相容这一特点形成的。又如，在面坯中加少量油脂或在成熟面点的表面抹少量油脂，可使成品本身的水分少蒸发或不易蒸发。羊肉烤包出炉后要在制品表面刷一层植物油，这既可润色，又可保持水分，使其不萎缩变形。澄面虾饺出锅后，在其表面薄薄地刷一层油，既可润色，又可保持水分不蒸发、成品不干裂。

（三）油脂具有流散性

油脂的流散性也可影响点心的造型。在油酥面坯中，凡是需要做像生造型的品种，应适量减少油脂用量，以降低面坯造型时的流散变形。而仿几何造型的品种，则无须过分顾及成品的流散，可适当加大油脂用量，以保证成品疏松、甘化的口感。

（四）油脂具有着色性

不同的油脂，含有不同的色素成分。豆油色浅黄，菜籽油色深黄，椰子油、猪油为白色固体，奶油色淡黄。在中式面点工艺中要根据造型面点的品种、色泽，选择合适的油脂。做白色玉兰酥、荷花酥、海棠酥时，不仅和面工艺要用白色的猪油，而且熟制工艺中也要选用脱色的色拉油为传热媒介。

四、蛋品对面点造型与色彩的影响

（一）蛋液具有黏稠性

蛋液的黏稠性可使面点原料之间互相黏合，便于面点的造型操作。如捏制小鸡的造型时，需用黑芝麻粒蘸蛋液装饰鸡的眼睛；做像生梨时需在梨坯表面刷蛋清以滚沾椰丝。面点工艺中凡是需要粘连、粘贴的操作，均使用蛋液作黏合剂。

（二）蛋清具有胶体性质

蛋清的胶体性质，经搅打可裹进大量空气，形成大大小小的气泡群，再与面粉、白糖混合，经加热可发生气化膨胀等变化，使面坯形成松软多孔的海绵状结构，为面点的进一步造型奠定了基础。由于蛋清有这一特性，因而出现了“树根”“虎皮蛋卷”“生日蛋糕”等各种蛋糕艺术造型制品。

（三）蛋液具有乳化性

蛋液的乳化性可以保持面点制品水分不易蒸发，使点心的造型在较长时间内保持其滋润松软的质感，同时还丰富了点心的色彩。如广东月饼在烤制时，要刷两遍鸡蛋液，它既增添了月饼表皮的色彩，使表皮花纹清晰，又可防止成品中水分的过分蒸发，保持月饼的滋润柔软。

（四）蛋品具有着色性

蛋清的白色、蛋黄的浅黄色都是面点工艺着色的主要色系，特别是黄色的深浅还可以用蛋黄的数量来调节。这不仅解决了点心的着色问题，还提高了制品的营养价值。

五、膨松剂对面点造型与色彩的影响

膨松剂分生物膨松剂和化学膨松剂两大类。生物膨松剂只适用于生物发酵面坯工艺，且面坯具有不断发酵、面团体积常处于变化状态的特点。中式面点工艺中虽也用它做刺猬、小兔、四喜饺、秋叶包、虎头卷、蝴蝶卷等线条较简洁粗犷的造型，但更多的是做仿几何图形的包子、三角和馒头等。

不同的化学膨松剂对点心的造型有不同的影响。例如，分别用小苏打、臭粉做桃酥，其成品的表面花纹就截然不同。因为是臭粉在加热过程中产生气体（氨气和二氧化碳气体）量大又剧烈，桃酥表面龟裂更明显。

用化学膨松剂做点心，其造型具有在熟制过程中或熟制后成形的特点，因而只适合做一些粗线条的仿几何图形，如甘露酥、桃酥、化皮堆、五仁酥条、饼干类、盏类等点心。

另外化学膨松剂的产气点温度一般比蛋白质的凝固点低（小苏打 60℃；臭粉 58～70℃，泡打粉是水解产气，蛋白质 73℃凝固）。面点工艺中，利用这一温度差，可以做出丰富多彩的点心品种。

如栗子酥是用松酥面包裹豆沙馅，再被水油皮包里，由于松酥面中含有化学膨松剂，在受热后先于水油皮中蛋白质的变性凝固点膨胀，这种“炸裂”的效果，使人们做出了栗子酥的造型。同理松酥面与水油皮同做的葵花酥也是应用了这一原理。

六、有色植物原料的影响

中式面点着色工艺中我们用到许多植物原料，都是面点成品色彩的良好来源。胡萝卜的金黄色、豌豆的嫩绿色、紫菜头的玫瑰紫色、黑芝麻的墨黑色，都可以用来丰富点心的造型与色彩。

如将胡萝卜洗净、去皮、蒸烂、粉碎成泥，与白糖、黄油、澄粉、江米粉混合后上火蒸熟，晾凉后下剂子，包入白莲蓉馅，可修饰成柿子状、南瓜状、橘子状、胡萝卜状等。

又如珍珠绿豌豆去荚，上火蒸烂，粉碎成泥，加少量水过梦，在放入锅中烧开，与白糖、黄油、澄粉、江米粉一起烫熟，晾凉后下剂子，包馅后，可修饰成梨状、葫芦状、豆角状、蚕豆状等。

七、馅心的影响

点心的馅心对成品的造型和色彩有极为重要的影响。凡是由细腻的曲线表示形态特征的点心，馅心应细腻柔软，如做小鸡酥应用枣泥馅、豆沙馅、莲蓉馅、奶皇馅等，而用五仁馅效果就稍差。凡是表皮呈透明状的点心，馅心的色泽就非常讲究，如广东的澄面虾饺，在透明的白色面皮外，露出的是粉红色的虾饺馅。

馅心对点心造型的影响还体现在馅的含水量上。馅心干燥，面坯容易成形，不易塌陷流散；而馅心含水量大，面坯造型困难，容易塌陷。虽然馅心含水量少有利于造型，但馅心干燥会使成品口感不佳。

第四节 成熟工艺对面点造型与色彩的影响

中式面点的成熟工艺主要有蒸、炸、煎、煮、烤、烙和复合加热法七种。由于成熟工艺各有其特点，所以在面点的造型艺术中，最常选用的是烤、炸、蒸三种方法。有时也选用复合法。

一、烤制工艺对面点造型与色彩的影响

（一）传热方式的作用

烤的成熟方法主要是通过热传导、热对流和热辐射同时作用，使面点定形、着色成熟的。这三种热的传递方式对点心的造型均有不同影响。

1．热传导

烤炉内的热传导是通过烤盘将热量传给点心生坯，使其组织结构膨大变化的。因而如果作色浅洁白的造型点心，可选用以底火传导热为主的烘烤方式。此时面火的温度应定得稍低一些。如制作白皮酥、玉兔酥等可采用这种方式。

2．热对流

烤炉内的热对流是依靠气体本身的流动来传导热量的过程。在烤制工艺中，炉内的热蒸汽与面点表面的冷气形成对流，使面点造型组织松软、色泽均匀。如果点心成品要求颜色上下四周一致时，可选用底、面火均匀的热对流传导烘烤方式。如制作桃酥、甘露酥等可采用这种方式。

3．热辐射

热辐射的传导方式对固定点心的造型和使点心着色有积极意义。它需要有较高的温度和较强的面火，如在烤制烧饼一类的面点时，既要保证成品的松软不失水，又要保证成品表面上色，因而一般选用温度较高的烘烤方式。应注意的是烤炉温度越高，辐射热越强。

（二）烤炉底、面火的影响

烤炉内底、面火的温度是烤制工艺的主要热源。由于底火的热气具有向上的鼓动力，热量传递快而强，因而底火决定着面点造型的膨胀程度及表面几何曲线。而烤炉内的面火是通过辐射热将热能传递给面坯的，它是固定面坯外形的主要热源，所以面火决定面点外部的形状。

烤制工艺中，如果底火太大，面火较小，会造成有高度的造型制品坯身不稳定、易倒塌，形成头重脚轻、表面白底部黑的结果；而如果面火太强，底火太弱，就会造成制品坯身不够伸展、坯体板实、造型瘦小僵硬、表面已煳而底部发白夹生的结果。

（三）温度和时间的影响

烤制温度和时间，对面点的造型、色彩有着至关重要的作用。一般来说 170℃以下的低温，宜烤制皮色较浅的制品；170～240℃的中温，宜烤制黄色的酥皮类点心及甜酥性较大，色泽稍深的点心；而 240℃以上的高温，宜烘烤坯体厚实、色泽深黄、表皮酥香、内质柔软的制品。

在烤制工艺中，若烤炉温度低，烤制时间长，将增加面坯的流散性。如桃酥将过于流散；象生动物的头、脖、身体的比例发生较大变化。小鸡的头变大，脖子变短；身体塌陷。若烤炉温度太高，烤制时间又短，则有可能使造型僵硬瘦小，外煳内生。

二、炸制工艺对面点造型与色彩的影响

油炸法成熟，要求点心形体不散不碎并适度伸张，色泽均匀一致。这对炸制工艺中的温度、时间、方法和所用油的品质品种都有较高的要求。

（一）油温和时间的影响

炸制工艺中传热媒介油脂的温度与炸制的时间有辩证关系。一般说油温低、时间长，此时面坯不易上色，且使面坯有足够的伸张时间，适合做造型比较细腻的象形面点。如荷花酥造型的成熟工艺，应用的就是低温长时间的炸制方法。但是炸制工艺中油温过低，炸制时间过长，则造成面坯的散碎和成品的喝油现象，反而影响成品的造型和质感。

在炸制工艺中，如采用高温短时炸制，则成品一般是仿几何图形或线条简洁的造型。如片、球、柱或梨、葫芦、蛋等基本造型。

（二）操作手法的影响

炸制工艺采用哪种方法，应根据面点造型的需要确定。凡是造型细腻、形态复杂、有方向性的面点品种，须将面坯放在平展的丝网上或箅子上固定炸制，否则影响造型，如凤巢饺、菊花酥、海棠酥等。凡是造型简洁明快、没有方向性的仿几何造型，则入锅后用笊篱翻动炸制即可。

（三）油的品质和品种的影响

植物油含的色素会使面点成品色泽加深，如制作山西面点孟封饼时就必须选用色泽较重的豆油或菜籽油，其目的就是加深制品的颜色。而猪油、色拉油颜色白，用其炸制浅色、白色造型的面点最理想。

另外，油经过 200℃高温或长时加热后会氧化，炸油也会因接触被炸物而部分水解，引起老化。此时油脂会出现起泡、发黏、扬烟、变色等现象。因此用老化油炸制食品，会严重影响面点的色泽。

三、蒸制工艺对面点造型与色彩的影响

蒸制成熟是经过热气的对流使制品成熟的方法，由于蒸制过程中制品是固定在笼屉上的，因而是造型面点最适合的熟制方法。

（一）蒸锅中水量的影响

蒸是以水蒸气为传热介质的熟制方法。蒸锅中的水量多少，直接影响蒸汽的大小。水量多、蒸汽足；水量少、蒸汽小。但是如果水量太多，可能溢出锅体，在沸腾中还可能冲坯面坯的底部影响造型；而水量少，产生的气体不足，会使生坯由于气弱而死板不膨松，成品不易成熟而色泽发暗。因此蒸制工艺中人们一般认为蒸锅水不宜太满，以八成满为宜。因为八成满的水量产生的蒸汽大小适度，不会因水的溢出而毁坯坯底。

（二）蒸制温度的影响

蒸制温度对面点造型的影响，实际上是通过蒸制时火力的大小，调整蒸汽的强弱来实现的。

火力大，蒸汽强，温度就高，可使制品迅速受热，加快了蛋白质的变性凝固和淀粉的糊化。如开花馒头，表面受热快，蛋白质已凝固，而内部受热慢，待内部膨胀时将已凝固的表皮顶裂使之开花。

火力小，蒸汽弱，温度就低，使制品慢慢加热，蛋白质变性慢，从而给制品膨胀伸展以足够的时间，这有利于制品的膨松。但是火力太小，蒸汽太弱，将使线条细腻的造型受影响。如提褶包子，低火长时间加热，包子褶将逐渐淡化。同时还会增加制品的流散性。

在蒸制工艺中，有许多品种是需要中火蒸制的，这样既保证给制品足够的伸展膨松时间，又保证造型不流散，线条不淡化。

（三）蒸制时间的影响

在面点工艺中，对点心制品蒸制的时间都是由具体的点心品种来决定的。面坯较大的，蒸制时间长点，熟馅品种蒸制时间短点。但就某一面点制品而言，蒸制时间过短，成品不仅膨松度不足，造型欠佳，而且粘牙夹生；而蒸制时间超长，成品造型板实，颜色深暗。

（四）下屉方法的影响

造型面点在蒸制成熟后还应注意三点。以确保造型的完整。第一，制品成熟后，应及时下屉，防止水蒸气将制品嘘变形。第二，制品下屉后应在正常室温条件下静置一段时间，以保持制品弹性膨松，图案纹样清晰。第三，制品离屉时应轻拿轻放，以保持外部造型的完整，防止变形、破皮而影响形态。

另外蒸制工艺还在于码屉的方法，刷油、垫屉布、垫荷叶，与模具一同入笼的时机，汽源的种类（水锅蒸汽，汽锅蒸汽等）以及生坯间距等方面对点心的造型均有影响。

四、其他熟制方法对面点造型与色彩的影响

煮、煎、烙也是中式面点工艺最常用的成熟方法。但是上述三种方法均不太适合于复杂面点品种的造型。

（一）煮制

面点制品在煮制中由于水的不断滚动和制品之间的相互碰撞，因而不适宜线条丰富、状态复杂的造型面点品种的熟制。但是可以用于造型简洁的仿几何造型。如水饺、汤圆、粽子、猫耳朵、拨鱼（剔尖）等的熟制。

为使这些品种的造型在熟制时不至于被破坏，熟制工艺中应注意两点。第一，对需要沸水入锅、煮制时间不长、在水的不断滚动中成熟的制品，煮制时水要宽（多），带馅品种要不断地用手勺的背面推动水面和制品，以免碰破制品，破坏造型；第二，对煮制时间较长，可以冷水下锅的粽子，煮制时水不必太多，且为保证制品的造型完整，不散、不碎、不破，可以在制品的上面压上重物，使制品在成熟过程中水沸而不滚动、不碰撞，从而保证制品造型的完好。

（二）煎制和烙制

由于平锅的限制，凡是煎制成熟或烙制成熟的面点制品其造型只能是扁平状，它不可能有复杂细致的造型曲线。但是煎制和烙制却可以使制品的色相和明度发生不同的变化。如煎制和烙制成熟的方法可以由于火力的大小或熟制时间的长短，使面点制品生成由浅黄到金黄直至棕红等不同色彩。

另外，煎制和水油烙的方法还可以保证制品表面花样纹路的清晰，如水煎包、锅贴和用模具成形的南瓜饼等的熟制工艺，均可以保证其造型不受破坏。

西式面点

第六章　西式面点概论

第一节　西式面点的起源、发展与特点

西式面点主要是指来源于欧美国家的面食及糕点，人们还习惯把西式面点的制作过程称作烘焙。

一、西式面点的起源

西式面点是世界饮食文化中一颗耀眼的明珠，它同东方饮食一样，在全球享有很高的声誉。最早，古埃及人将谷类磨成面粉，再加水调制成面糊食用。后来，人们发现将这种面糊放在火旁的石头上烤干，味道会比直接食用时好得多。至今，这种未经发酵的面包干在许多地方仍是很重要的食品。也许是一次偶然的机会，人们忘记将调制好的面糊及时烘烤，空气中的酵母菌进入面糊，导致面发酵、膨胀、变酸。结果，竟然烤出了比普通“烤饼”更加松软、香甜的新食品，这就是面包。

二、西式面点的发展

但西式面点的主要发源地还是欧洲。上述烤制面包的技术后来传到了古希腊。大约在公元前五六百年，古希腊人开始使用一种利用木炭加热的封闭烤炉，并且他们将面包的制作工艺也进行了改进，他们在制作过程中加入了牛奶、蜂蜜等原料以改善成品的品质和风味。当时，人们使用大型的公共烤炉烘焙面包，当然，有钱的人也能够拥有自己的烤炉。

几个世纪以后，古罗马开始批量生产面包。可以说，面包师这个职业是从古罗马时代才真正有的，因为当时不仅成立了面包师行会，人们还为面包制作制定了相关的标准。此时，面包的制作技术传遍了欧洲各地。

在古罗马帝国灭亡之后，职业烘焙几乎消亡殆尽。直到中世纪后期，法国的面包师和面点师经国王许可后成立了烘焙行业协会，以保护和发展他们的工艺，西式面点才又开始发展起来。

美洲大陆的发现给西式面点的制作带来了一场革命。来自新世界的蔗糖和可可粉被广泛应用到西式面点制作中。并且随着新配方地不断开发，西式面点的制作也越来越精致。

到了 17 世纪和 18 世纪，西式面点师开始出现分工，专业面包师和专业面点师出现，原因在于对酵母的控制已成为一种更加专业的技能。

19 世纪初，烘焙技术传到了中国。改革开放后，我国烘焙行业发生了突飞猛进的变化。西式面点现已遍布城乡各地，并且品种繁多，花色各异，质量也不断提高，生产设备日益更新，新的原材料层出不穷。根据世界各国的经验，当经济发展到一定程度，西式面点行业就会快速发展。可以预料，随着我国开放地不断深入，西式面点行业会有广阔的发展前景，人们对高质量西式面点的需求还会逐步增长。

三、西式面点的特点

西式面点是西方饮食中的重要组成部分，有着举足轻重的地位。在很多地方，西式面点师的社会地位相当高。

（一）用料讲究，营养丰富

西式面点用料讲究，无论是什么点心品种，其面团、馅心和装饰、点缀用料都有各自的选料标准，各种原料之间都要有适当的比例，而且大多数原料要求称量准确。西式面点多以乳品、蛋品、糖类、油脂、面粉、干鲜水果等为常用原料，其中蛋、糖、油脂的用量较大，而且配料中的干鲜水果、果仁、巧克力等用量也大，这些原料含有丰富的蛋白质、脂肪、糖、维生素等营养物质，因此西式面点具有较高的营养价值。

（二）工艺性强，成品美观、精巧

西式面点不仅富有营养价值，而且在制作工艺上还具有工序繁、技法多，注重火候和卫生等特点，其成品大多经过点缀、装饰，能给人以美的享受。每一个西式面点成品都是一件艺术品，每步操作都凝聚着西式面点师的基本要求。如果脱离了工艺性和审美性，西式面点就失去了自身的价值。西式面点从造型到装饰，每一个图案或线条，都清晰可辨，简洁明快，给人以赏心悦目的感觉，让食用者一目了然，并领会到西式面点师的创作意图。例如，制作一个结婚蛋糕，首先要考虑它的结构安排和每一层之间的比例关系；其次考虑色调搭配，尤其在装饰时要用西式面点制作的特殊艺术手法体现出西式面点师所设想的构图，从而用蛋糕烘托出纯洁、甜蜜的新婚气氛。

（三）口味清香，甜咸酥松

西式面点不仅营养丰富，造型美观，而且还具有品种变化多、应用范围广、口味清香、口感甜咸酥松等特点。在西式面点制品中，无论是冷点还是热点，是甜点还是咸点，都具有味道清香的特点，这是由西式面点的原材料决定的。首先，西式面点通常所用的主料有面粉、奶制品、水果等，这些原料自身就具有芳香的味道；其次是加工制作时合成的味道，如焦糖的味道等。西式面点中的甜制品主要以蛋糕为主，有90%以上的西式面点制品要加糖，客人在饱餐之后吃些甜品，会感觉更舒服。咸制品主要以面包为主，客人吃主餐的同时会有选择地食用一些面包。

总之，一道完美的西式面点，应具有丰富的营养价值、完美的造型和合适的口味。

第二节　西式面点制作中常用的设备与工具

一、西式面点制作中常用的设备

（一）烘烤炉

烘烤炉是西式面点制作中不可缺少的设备，按照所采用能源种类的不同可分为电烤炉和天然气烤炉两种。由于电烤炉结构简单、易于安装、干净环保，所以目前被大多数人使用。普通烤炉有单层和多层之分，用户可根据自己需要选购。近些年，一些厂商也推出了针对家庭使用的小型电烤箱，深得家庭用户欢迎。

（二）多功能搅拌机

多功能搅拌机也是西式面点制作中常用的设备，集搅拌、和面、打蛋等功能于一身，通常配有扇形、钩形、球形三种搅拌器。扇形搅拌器用于搅拌馅料，钩形搅拌器用于和面，球形搅拌器常用来打蛋或打发奶油。

（三）双动和面机

双动和面机是专门用来搅拌面团，以扩展面筋的设备，通常用来制作面包。与普通和面机不同的是，双动和面机采用双动力系统，搅拌桶和搅拌器同时运动，这样能大大缩短面团搅拌时间。

（四）醒发箱

醒发箱能够提供适合的温度和湿度环境，以帮助面团快速醒发，是面包制作中的重要设备。

（五）电冰箱

电冰箱能够提供低温环境，并且按照温度的不同可以分为保鲜箱和冷冻箱。保鲜箱主要用于存放成品和原料，冷冻箱主要用于存放需要冷冻的制作原料。

（六）案台

案台又称操作台，俗称案板，常见的有木质和不锈钢两种，也有以塑料或大理石为材质的案台。

二、西式面点制作中常用的工具

（一）搅拌盆

搅拌盆多用不锈钢制成，有大、中、小号之分，主要用于搅拌各种原料。

（二）打蛋器

打蛋器是搅拌鸡蛋和打发奶油的专用工具，是西式面点制作中常用的工具，通常由不锈钢制成。打蛋器可使鸡蛋或奶油的打法效率提高。

（三）电子秤

电子秤也是西式面点制作的重要工具，主要用于称量各种原料，以保持原料的精确配比。西式面点制作中，电子秤通常要求能够精确到克。

（四）擀面杖

擀面杖是面食制作中最常用的工具，通常为木质的。根据用途不同，擀面杖可分为普通面杖和通心槌两种。普通面杖的尺寸有大、中、小三种，主要用于面团的整形等。通心槌又称走槌，其构造是在一根粗大的擀面杖中心挖一个直径相同的洞，插入一根比孔直径略小的细棍作为柄。走槌通常用于处理体积较大的面团。

（五）橡胶刮刀

橡胶刮刀主要用于挖取或整理奶油、黄油、面糊等半固体原料。刮刀一般带有长柄，头部呈半圆形或长方形。

（六）刮板

刮板通常由塑料或不锈钢制成，按照形状的不同可分为弧形刮板、直刮板和花式刮板。弧形刮板和直刮板主要用来切割面团或整理面糊；花式刮板主要在制作生日蛋糕时使用，用来将蛋糕表面奶油刮出各种曲线、花纹等。

（七）裱花袋

裱花袋是装饰生日蛋糕时用到的重要工具，通常呈敞口圆锥形。按照用途不同，有塑料裱花袋和布制裱花袋两种。塑料裱花袋主要用于奶油裱花；布制裱花袋主要用于面糊造型。

（八）裱花嘴

裱花嘴跟裱花袋一样，是装饰生日蛋糕时用到的重要工具，主要用于奶油造型。裱花嘴为圆锥形不锈钢制品，需装入裱花袋中使用。不同形状的裱花嘴，可以挤出千变万化的奶油造型。

（九）抹刀

抹刀又称抹平刀，由薄不锈钢片制成，圆头、两侧平滑、无锋刃，手柄通常为木柄或塑料柄，有大、中、小号之分，主要用于涂抹奶油、黄油、果酱等。

（十）锯齿刀

锯齿刀通常由不锈钢制成，手柄通常为木柄或塑料柄，刀体一侧带有锋利的锯齿刀锋，主要用来切割糕点。

（十一）模具

模具是西式面点制品成型的重要工具。

1．蛋糕模具

蛋糕模具一般由铝合金、硅胶和耐高温纸等材料制成，花样繁多，用于帮助蛋糕成型。

2．面包模具

面包模具的样式相对较少，一般以铝合金为材质。最常见的是制作土司时的专用模具。

3．饼干模具

饼干模具主要用于制作各式花型的饼干，花型种类非常多，多以铝合金为材质。

4．甜点模具

甜点模具用于西式甜点制品的成型、装饰或盛放，材质有铝合金、硅胶、塑料等。

第三节　西式面点的分类

目前，西式面点尚未有统一的分类标准，各种分类方法也层出不穷。为了使读者便于理解，本书把西式面点分为四类：

一、蛋糕类

蛋糕类多是以鸡蛋、糖、面粉、油为主要原料，经过焙烤而制成的糕点。成品口感松软、香甜、营养丰富，深受人们喜爱。

按照制作工艺的不同，蛋糕可分为：

（一）乳沫类蛋糕（又称海绵蛋糕或清蛋糕）

通过鸡蛋的搅拌且发泡，让更多的空气进入到面糊中，烤出的成品则内部多孔洞且形似海绵，因而得名为海绵蛋糕。

（二）面糊类蛋糕（又称重油蛋糕）

以油脂、糖和面粉为主要原料进行搅拌，使面糊中裹入更多空气，以达到蛋糕内部组织疏松的目的。因其油脂含量大而又被称作重油蛋糕。

（三）戚风蛋糕

通过蛋清、蛋黄分开搅拌，然后再混合的处理方式，使烤出的蛋糕更加绵软，组织更加细腻且有弹性。

二、面包类

（一）软式面包

软式面包是指组织松软、气孔均匀的面包。

（二）硬式面包

硬式面包是指表皮硬脆、有裂纹、内部组织柔软的面包。

（三）调理面包

是指烤制成熟前或成熟后，在面包坯表面或内部添加奶油、人造黄油、蛋白、可可、果酱等原料的面包，但不包括加入新鲜水果、蔬菜以及肉制品的面包。

三、西饼类

（一）起酥类

起酥西饼，又称松饼，英文为 Puff Pastry。它是利用物理膨胀法制成的。第一，它利用了湿面筋的烘焙特性。湿面筋就像气球一样，可以保存空气并能承受烘焙过程中水汽所产生的张力，并随着空气的胀力来膨胀。第二，由于面团中的面皮与油脂有规律的相间隔而产生层次，在进炉受热后，水面团中产生水蒸气，这种水蒸气滚动形成的压力使各层次膨胀。同时在烘烤时，随着温度的升高，时间的加长，水面中的水分不断蒸发并逐渐形成一层一层“炭化”且变脆的结构。油面层熔化并渗入面皮中，使每层的面皮变成了又酥又松的酥皮，再加上面筋质的存在，保持了成品完整的形态和层次。这是起酥类独有的特点。

（二）油酥类

油酥类面点是指将面粉和油脂等原料搅拌后制成面团，再经一次擀成型制成的西式面点。它是利用部分化学膨松剂来实现膨胀的。

（三）饼干类

饼干是以面粉、糖类、油脂、膨松剂等为主要原料加工而成的方便食品，是除面包外生产规模最大的烘烤食品。饼干具有口感酥松、营养丰富、水分含量少、体积轻、块形完整，便于包装携带且耐储存等优点。它已成为军需、旅行、野外作业、航海、登山等所需的重要食品。

（四）泡芙

泡芙是一种西式甜点，由面粉、水、油脂、鸡蛋等原料制成，中心有空洞，可加入鲜奶油、巧克力或冰激凌。泡芙形状多样、色泽金黄、外酥内滑，深受人们的喜爱。在 2005 年的威斯康星州博览会上共销售了 340000 个含冰激凌的泡芙，赢利超过 100 万美元。泡芙是西式甜点的代表作。

四、冷冻甜食类

（一）果冻

果冻主要成分是水、糖、果汁和食用明胶组成，因外观晶莹、色泽鲜艳、口感软滑、清甜滋润而深受儿童的喜爱。果冻不但外观多样，同时也是一种低热能且高膳食纤维的健康食品。

（二）布丁

布丁是英语 Pudding 的译音，也有称作“布甸”的。一般用面粉、牛奶、鸡蛋、水果等制成。布丁与果冻属一类制品，但人们往往习惯将透明的称为果冻，不透明的称为布丁。

（三）慕斯

慕斯与布丁类似，但比布丁更加软滑、细腻，它入口即化，又因制作时加入了较多的鲜奶油，所以香气四溢，令人难以忘怀。慕斯可以直接食用，也可作为蛋糕夹层，慕斯蛋糕是目前高档蛋糕的代表品种之一。

第四节　西式面点的配方与制作过程中的称量

一、西式面点的配方

西式面点师们在一起时讨论的往往是配方而不是食谱，这听起来会让人觉得更像是化学实验而不是食品制作。确实，从某种方面来说，西式面点的制作与化学实验过程确实有相似之处：它们对操作过程都要求得十分精确；在化学试剂混合与西式面点烘焙过程中都会有复杂的反应发生。一个合理的配方往往决定了产品的成功与否。所以，在西式面点的学习过程中，我们要重视配方。

值得注意的是，烘焙百分比与一般的百分比有所不同。在一般的百分比中，配方总百分比是 100%，而在烘焙百分比中，往往以配方中面粉的比例作为 100%，配方中其他各原料的百分比是相对于面粉而定的，且配方总百分比超过 100%。

烘焙百分比已经是国际上所认同的计量方法，对西式面点制作具有重要意义：

从配方中可以一目了然地看出各种原料的相对比例，简单明了，容易记忆；

可以快速计算出配方中各原料的实际用量，快捷、精确；

方便调整和修改配方，以适应生产需要；

可以预测产品的性质和品质。

二、西式面点制作过程中的称量

在西式面点制作过程中，所有材料都要按标准称量，而称量标准中的单位一般都是重量单位，例如，克（g）、千克（kg）等。在优秀的西式面点配方中不会出现类似于少许、适量等含糊不清的字眼，也很少出现容积或体积这样的单位，例如杯、碗、瓶等。由于西式面点制作过程中的复杂性，在制作时，我们必须严格按照配方所示，精准称量各种原料，只有这样才能做出令人满意的西式面点作品。

第七章　西式面点的制作原料

制作西式面点的原料品种多样，本章主要介绍基本原料的特性和用途。

第一节　面　　粉

面粉是制造面包、饼干、糕点等食品的最主要原料，是由小麦磨制并加工而成的。由于小麦品种不同，加工工艺不同，面粉的种类和性质各有差异。

一、面粉的种类和用途

根据面粉中蛋白质含量的不同及面粉在西式面点制作过程中用途的不同，面粉可分为高筋粉、中筋粉、低筋粉、全麦粉及蛋糕粉。

（一）高筋粉

高筋粉是加工精度较高的面粉。此类面粉颜色白，含麸量少，气味、口味正常，灰分很少。灰分不超过 0.85%（质量分数），蛋白质含量不低于 12.2%（质量分数），水分含量不超过 14.5%（质量分数），适宜制作面包和一些高档点心。

（二）中筋粉

中筋粉的含麸量高于高筋粉的含麸量，颜色稍黄，灰分不超过 1.10%（质量分数）。适宜制作各种点心。

（三）低筋粉

低筋粉的含麸量高于中筋粉的含麸量，颜色稍黄，灰分不高于 0.8%（质量分数），蛋白质含量不高于 10.0%（质量分数），适宜制作各种糕点。

（四）全麦粉

由整粒麦子磨制而成，颜色差。适宜制作全麦面包和特殊点心。

（五）蛋糕（面包）粉

蛋糕粉的加工过程中已加入一定比例的糖、乳化剂、化学膨松剂或发泡剂等，专门用于蛋糕或面包的制作。

二、面粉的主要成分

面粉主要由蛋白质、碳水化合物、矿物质和水分组成，此外还含有少量的维生素、酶类和脂肪。

（一）蛋白质

蛋白质主要分布在麦粒中，其含量随小麦品种、产地和面粉等级的不同而有差异。一般来说，蛋白质含量越高，面粉品质越好。面粉中的蛋白质含量约占面粉总量的10%（质量分数）。

小麦蛋白质是构成面筋的主要成分，因此它与面粉的烘烤性能有着极为密切的关系。面筋富有弹性和延伸性，有保持面粉发酵时所产生的CO_2的作用、使烘烤出的面包多孔、松软。

（二）碳水化合物

碳水化合物是面粉中含量最高的化学成分，约占面粉总量的75%（质量分数），它主要包括淀粉、糊精、可溶性糖和纤维素。

淀粉主要集中在麦粒的胚乳部分，是构成面粉的主要成分。在调制面团时，淀粉可以填充在面筋网络中，使面团硬实、光滑。

对于生产苏打饼干和面包来说，可溶性糖有利于酵母的生长繁殖，它还是形成面包色、香、味的基础物质。

纤维素主要来源于种皮，是不溶性碳水化合物。若面粉中鼓皮含量过多，会影响烘烤食品的外观和口感，且不易被人体消化吸收。但面粉中含有一定量的纤维素，则有利于人体肠胃的蠕动，可促进人体对其他营养成分的消化吸收。

（三）水分

面粉中水分含量一般为12%～14.5%（质量分数）。水分含量过高不利于贮存，易使面粉霉变、结块。面粉中水分的变化主要是指面粉中游离水的变化。

（四）灰分

面粉的灰分主要是含磷、钾、钙、硫等元素的矿物质。灰分是面粉质量标准的重要指标，灰分含量越低，面粉精度越高，反之亦然。

（五）酶

面粉中的酶主要包括淀粉酶、蛋白酶、脂肪酶等，其中淀粉酶和蛋白酶对面粉性能和制品质量影响最大。例如，面团发酵时，面粉中的淀粉酶可将淀粉分解成单糖供酵母生长繁殖，以促进面粉发酵。蛋白酶在一定条件下可将蛋白质分解成氨基酸，以提高成品的色、香、味。而脂肪酶在面粉贮藏期间能将脂肪分解成脂肪酸，使面粉酸败，影响产品质量，从而降低面粉的烘烤性能。小麦中脂肪酶活力主要集中在糊粉层，因此，精制的上等粉比含糊粉层多的低级粉贮存稳定性高。

三、面粉的品质检验与储存方法

（一）面粉的品质检验

面粉品质的优劣主要从含水量、颜色、新鲜度、面筋质含量等几方面来鉴定。

1．含水量

含水量是鉴定面粉品质的一个重要方面，正常的含水量应在12%～13%（质量分数）。实际工作中，一般用感官检验方法来鉴定面粉含水量。正常的面粉用手紧握时有爽滑之感，如握之有形且不散，则说明含水量过高，这种面粉易结块且霉变，不易保管。

2．颜色

面粉的颜色与小麦的品种、加工的精度、储存的时间和条件有关。小麦的加工精度越高，面粉的颜色越白。而储存时间过长，储存条件不当，或小麦品种不佳，面粉颜色变深。

3．新鲜度

新鲜度是鉴定面粉品质优劣最基本的标准。一般新鲜面粉有正常的气味，陈面粉带有腐败味、霉味、酸味。

4．面筋质含量

面粉中的面筋质由蛋白质构成，它是决定面粉品质优劣的主要指标。一般认为，面筋质含量越高，品质就越好；但若过高，其他成分相应较少，品质也不一定好。

（二）面粉的储存方法

一般情况下，面粉在储存时应注意温度、湿度的控制和避免污染的发生。

1．温度

面粉存放于温度适宜的通风处，理想环境温度以18～24℃为佳，温度过高则易霉变。因此，在储存过程中，应及时检查，防止发生霉变，一旦发现面粉霉变，应立即处理，以防霉菌蔓延。

2．湿度

面粉具有吸水性，在潮湿环境中会吸收水分，使体积膨胀、结块，霉变加剧，严重影响面粉品质。所以保管中应控制储存环境的湿度。

3．避免污染

面粉具有吸收异味的特性，所以在储存过程中应避免与有异味的原料、杂物混放在一起，以免面粉吸收异味。同时保持环境的整洁，防止虫害。

总之，在储存面粉时要做到：环境干燥、通风；避免高温、潮湿；避免面粉吸收异味；堆码整齐并留有空间；防治鼠害虫害。

四、面粉在西式面点制作中的作用

面粉是制作面包、糕饼的基本原料，它一方面形成产品的组织结构，另一方面为酵母提供发酵时所嘉的能量。

第二节　油　　脂

油脂是制作西式面点的主要原料，油脂不仅为制品增加了风味，改善了结构、外形和色泽，提高了营养价值，而且还为油炸类糕点提供了加热介质。

一、常用油脂的种类

（一）奶油

奶油又称黄油或白脱油，是从牛奶中分离出来的油脂。

在常温下，奶油为乳白色或乳黄色固体。奶油中的脂肪含量一般不低于80%，水分含量不得高于16%。奶油的熔点为28～33℃，凝固点为15～25℃。它含有丰富的蛋白质，维生素A、维生素E和钾、铁、锌等多种微量元素，因而，亲水性强，乳化性较好，营养价值高。它特有的乳香味令成品非常可口，是其他任何食用油脂所不及的。应用于西式面点制作中，可使面团可塑性和成品松酥性增强，还可使成品组织松软滋润。

但奶油在高温下易软化变形，故夏季不易用奶油来装饰糕点。

（二）人造奶油（人造黄油）

人造奶油又称麦淇淋，它的主要成分是脂肪。以氢化后的精炼植物油为主要原料，添加水和其他辅料，经乳化、急冷而制成的具有天然奶油特色的可塑性制品，形态和颜色近似于奶油，是奶油的良好代用品。

（三）起酥油

起酥油是指精炼的动、植物油脂，氢化油或这些油脂的混合物，经冷却塑化而加工出来的具有可塑性、乳化性等加工性能的固态或流动性的油脂产品，常用的有蛋糕用液体起酥油。

（四）猪油

猪油主要是以猪板油为原料提炼出来的脂肪。纯净的猪油色泽洁白，质地细腻，含脂率高，熔点32℃左右，具有较强的可塑性，其制品品质细腻且口味佳。

（五）植物油类

植物油中主要含有不饱和脂肪酸，常温下为液体。一般多用于油炸制品和一些面包的生产。目前常用的植物油有色拉油、花生油、橄榄油等。

色拉油是指经过精练加工而成的精制食用油，其颜色为淡黄色，澄清、透明、无气味、口感好，如大豆色拉油、葵花子色拉油等。

椰子油是从椰子果实中提取的，具有特殊的香味，其色泽洁白，使用广泛。

棕榈油是从棕榈的果肉中提炼出来的，它是一种半固态油脂，不易氧化，稳定性好，适合油炸制品。

二、油脂的特性

（一）疏水性

油脂的分子是疏水的非极性分子，水的分子是极性分子，两者混合后互不相融。面团中加入油脂，油脂便分布且包围在蛋白质、淀粉颗粒表面，形成油膜，阻止面粉吸水。这种疏水性使蛋白质不易生成面筋，降低了面团的弹性和延伸性，但增强了疏散性和可塑性。

（二）游离性

油脂的游离性与温度有关，温度越高，油脂游离性越大。在食品加工中，正确运用油脂的疏水性和游离性，制定合理的用油比例，有利于制出理想的产品。

三、油脂的品质检验和储存方法

（一）油脂的品质检验

1．色泽

品质好的植物油，色泽微黄，清澈光亮。质量好的黄油，色泽淡黄，组织细腻光滑。质量好的奶油则要求洁白有光泽，并且较浓稠。猪油凝固时为白色，熔化后为淡黄色。

2．气味

植物油脂应有植物的清香味，加热时无油烟味。动物油脂有其本身特殊的香味，要经过脱臭后方可使用。

3．透明度

植物油脂无杂质、透明。动物油脂在熔化时清澈见底。

4．水分

动、植物油脂均应无水分。植物油加热时无水溅现象，动物油脂熔化时无水分析出。

（二）油脂的储存方法

油脂储存时应注意防止脂肪变质。

1．防氧化

脂肪暴露于空气中时，就很容易被氧化，高温、光线和强氧化剂（如钢、铁和镣）会加速其氧化。

2．降低酶的活性

由于脂肪中脂肪酶使脂肪水解，使脂肪酸和甘油游离，从而引起油脂酸化。脂肪酶在室温下比冷藏时更具活性，故油脂存放时应免受光、热和空气的影响，并存放于阴凉的地方。有色玻璃和有色包装物可降低脂肪的氧化速度。

四、油脂在西式面点中的作用

提高成品的营养价值，增加成品风味。

调节面筋的胀润度，增强面团的可塑性，利于面团成型。

改善成品的组织状态，使成品组织细腻柔软。

使成品具有起酥性，还可用做煎、炸类点心的传热介质。

第三节　糖

糖的种类很多，不同的糖其化学组成成分不同，用途也各异。

一、糖的种类

（一）白砂糖

白砂糖为白色粒状结晶体，纯度高，蔗糖含量在 99%（质量分数）以上。白砂糖分为粗砂、中砂、细砂。其品质要求是颗粒均匀、松散、颜色洁白、干燥、无杂质和异味，白砂糖常用于装饰糕点的表面。

（二）绵白糖

绵白糖是由白砂糖加入少量转化糖浆或饴糖制成的，其晶体细小、洁白、绵软。蔗糖含量在 97%（质量分数）以上。

（三）糖粉

又称糖霜，纯白色粉状，是蔗糖的再制品，可代替白砂糖和绵白糖使用。

（四）饴糖

也称为麦芽糖或糖稀，是以淀粉为原料，经植物酶水解而制成的。饴糖一般为浅棕色，半透明、黏稠状，其甜度不如蔗糖。饴糖是很好的面筋改良剂，它能使成品滋润而富有弹性，且质地松软。饴糖还是一种防砂剂，可以延缓白砂糖结晶，还可以作为点心的着色剂。

（五）蜂蜜

蜂蜜是蜜蜂采取植物花蕊中的蔗糖，再经过其唾液中的蚁酸水解而成的，主要成分是转化糖，含有大量果糖和葡萄糖。蜂蜜的吸水力特强，耐储存，带有芳香味，是一种富有特殊风味的天然食品。一般用于一些特色点心的制作。

（六）糖浆

糖浆种类多，来源各异。有以砂糖加水且加温溶解后再用酵素转化而成的；也有以淀粉为基料，用酵素转化而来的。它们透明、黏稠、甜度高、湿度大。糖浆主要成分为葡萄糖和糊精等，易被人体吸收，适用于各种糕点和面包的制作。

二、糖的特性

糖类原料具有溶解、渗透、结晶等特性。

（一）溶解性

糖具有较强的吸水性，易溶于水。其溶解度血糖的品种不同而有差异，果糖溶解度最大，其次为蔗糖、葡萄糖。溶解度随温度升高而增大。

（二）渗透性

糖分子很容易渗透到蛋白质分子或其他物质中间，并把水分排挤出去，形成游离的水。渗透性随着糖溶液浓度的增高而增强。

（三）结晶性

在浓度高的糖溶液中，已溶化的糖分子在一定条件下又会重新结晶。为避免结晶的发生，往往加入适量的酸性物质，因为在酸的作用下，部分蔗糖可转化为单糖，单糖具有防止结晶的作用。

三、糖的品质检验

（一）感官检验指标

1．色泽

色泽在一定程度上反映了糖的纯净度。优质的砂糖应呈纯白色，红糖应为棕红色；如果掺有杂质或呈暗黑色等，则说明糖品质不佳。

2．结晶状况

优质糖的颗粒应均匀一致，晶面整齐明显。如果颗粒不规则且参差不齐，则说明杂质较多。

3．口感

纯净的糖，味道应是较纯正的甜味，不能有苦涩等异味，也不能有牙磅的感觉。

另外，糖还可以用溶解成溶液的方法来检验其杂质含量，优质糖的水溶液应基本无杂质沉淀。

（二）常用糖类品种的检验

1．白砂糖

优质白砂糖色泽洁白明亮，晶粒整齐、均匀、坚实，水分、杂质和还原糖的含量较低，溶解于清水中后的溶液应清澈、透明、无异味。

2．绵白糖

色泽洁白，晶粒细小，质地绵软，易溶于水，无杂质，无异味。

3．蜂蜜

淡黄色，呈半透明的黏稠液体，味甜，无酸味和其他异味。

4．饴糖

浅棕色的半透明黏稠液体，无酸味和其他异味，洁净无杂质。

5．淀粉糖浆

无色或微黄色，透明，无杂质，无异味。

四、糖在西式面点制作中的作用

（一）增加成品甜味和热量

糖是一种富有能量的甜味原料，它可以增加成品的甜度，改善成品口味。

（二）改善成品质地

由于糖有吸湿性和水化作用，可以增强制品的持水性，使成品柔软。

（三）改善成品表面色泽

糖具有焦化作用，即糖遇到高温后极易焦化。配方中糖的用量越多，焦化越快，颜色越深，这样就增加了产品的色泽和风味。

（四）调节面筋筋力，控制面团性质

糖具有渗透性，面团中加入糖，不仅吸收面团中的游离水，而且它还易渗透到吸水后的蛋白质分子中，使面筋蛋白质的水分减少，面筋形成度降低，面团弹性减弱。

（五）调节面团发酵速度

糖可作为发酵面团中酵母菌的营养物，促进酵母菌的生长繁殖，产生大量的二氧化碳气体，使成品膨大疏松。加糖量的多少对面团发酵速度有影响，在一定范围内，加糖量多则发酵速度快，反之则慢。

（六）防腐作用

糖的渗透性能使微生物脱水，发生细胞的质壁分离现象，产生生理干燥现象，使微生物的生长发育受到抑制，减少微生物对成品造成的不良影响。糖分高的成品，存放期长。

五、糖的储存方法

糖类具有怕潮、吸湿、溶化、结块、干缩、吸收异味及变色的特性，储存时应注意环境干燥，保持良好的通风，以常温和相对湿度在60%～65%为宜。

第四节　蛋　　品

一、蛋品的种类

西式面点中使用较多的是鲜鸡蛋，鲜鸡蛋的特点是色泽好、有香味、黏性强、起发力大，既可制作蛋糕坯，又可制作馅料。

二、鸡蛋的特性

（一）起泡性

蛋白具有形成稳定泡沫的特性。蛋白经机械搅打后具有良好的起泡性，它能将搅打过程中混入的空气包围起来而形成泡沫。在一定条件下，机械搅打越充分，蛋液中混入的空气越多，蛋液的体积就越大。

（二）凝固性

当温度为58～60℃时，鸡蛋内的蛋白质受热变性后，其化学和物理性质发生变化，形成了复杂的凝固物，凝固物还会失水变成凝胶。例如，面包表皮的蛋液，就是这种凝胶，它使面包表皮光亮。糖、盐和酸性物质对凝固温度均有一定影响，加糖会提高凝固温度，加盐可降低凝固温度，加入酸性物质会产生更稳定的胶体并降低凝固温度。

（三）乳化性

由于蛋黄中含有较丰富的卵磷脂，它具有亲油和亲水的双重作用，是一种非常有效的乳化剂，因此，加入鸡蛋的点心组织细腻、质地均匀柔软。

三、蛋品的品质检验

蛋的品质的好坏取决于其新鲜程度。感官鉴定蛋的新鲜程度一般从以下几方面入手：

（一）蛋壳

鲜蛋的壳纹清晰，有粗糙感，表面洁净，反之是陈蛋。

（二）重量

对于外形大小相同的蛋，重者为鲜蛋，轻者为陈蛋。

（三）蛋的内容物

将新鲜蛋打破倒出，内容物蛋黄、蛋白、系带等完整，并各居其位，蛋白浓稠、无色、透明。

（四）气味和滋味

新鲜蛋打开后无不正常气味，并煮熟后蛋白无味，颜色洁白，蛋黄味淡且芳香。

四、蛋品在西式面点制作中的作用

1．黏结作用

蛋品含有相当丰富的蛋白质，这种蛋白质在搅拌过程中能包裹大量的空气而形成泡沫，并与面粉中的面筋组织形成网状结构。加热后，蛋白质的凝固使蛋糕的组织结构稳定。

2．膨大作用

打发的蛋液中含有大量的空气，在烘烤时可受热膨胀，增加蛋糕的体积。

3．柔软作用

蛋黄中含有的卵磷脂具有乳化作用，可使成品质地柔软。

4．营养作用

蛋品中含有丰富的蛋白质、脂肪、矿物质、维生素等，可以提高成品的营养价值。

5．着色作用

蛋黄是提供黄蛋糕和海绵蛋糕颜色的主要色素，天使蛋糕的洁白也是因为使用纯蛋白的结果。加有鸡蛋或表面刷有蛋液的制品在烘烤时易变色，产生诱人的金黄色泽。

五、蛋品的储存方法

鲜蛋怕水洗、怕高温、怕潮湿、怕苍蝇叮。所以在储存时，应采用低温保藏法（环境温度低于 0℃），保持储存环境的干燥，不要清洁后储存，保证环境卫生。

第五节　乳　　品

乳品是制作西式面点的常用原料，主要有牛奶、酸奶、乳酪等。

一、常用乳品的种类

（一）鲜牛奶

鲜牛奶颜色白或稍黄，不透明，具有特殊的香味。鲜牛奶中含有丰富的蛋白质、脂肪和多种维生素及矿物质，还有一些胆固醇、酶及卵磷脂等微量成分。鲜牛奶易被人体消化吸收，有很高的营养价值，是制作西式面点的常用原料。

（二）酸奶

酸奶是将鲜牛奶经过特殊处理和发酵而制成的。由于乳糖被分解成乳酸的原因，酸奶味道特殊，其营养价值比牛奶高，常用于西式早餐中食用和制作一些特殊风味的蛋糕。

（三）炼乳

炼乳分甜炼乳和淡炼乳两种，但均色泽淡黄，呈均匀的稠流体状，有浓郁的奶香味，常用于制作布丁之类的甜点。

（四）奶粉

奶粉有全脂奶粉、半脂奶粉和脱脂奶粉三种类型，其含水量低，便于储存，食用方便，广泛用于面包制作中。

（五）鲜奶油

鲜奶油又叫作“忌廉”，是从牛奶中分离出来的乳脂制品，呈乳白色，半流质状或原糊状，乳香味浓且具有很高的营养价值。人们往往将鲜奶油简称为“奶油”，而与油脂类“奶油”混淆。

由于加工工艺的差别，鲜奶油又有许多品种，常用的有以下几种：

（1）淡奶油

这是一种应用最广泛的奶油，通常乳脂含量为18%～30%，可用于沙司的调味和制品的增白，也可用于点心的制作。

（2）植脂奶油

一种质优价廉的“植脂奶油”，其主要成分有氢化棕榈油、玉米糖浆、糖、乳化剂、食用色素、食用香料、防腐剂、稳定剂、水等，色洁白，打发效果好，广泛用于西式面点的制作。

（六）奶酪

奶酪又称“乳酪”“芝士”“忌司”，是由动物乳经多种微生物的发酵和蛋白酶的作用浓缩并凝固后提炼而成的一种固态或半固态的乳制品，一般用于咸味的酥点和馅料中。还有专门用于制作芝士蛋糕的奶油芝士，其脂肪含量在70%以上，其中还含有全脂牛奶、乳酸，稳定剂等。

二、乳品的特性

（一）乳化性

乳品的乳化性，主要是因为乳品中的蛋白质中含有乳清蛋白的缘故。乳清蛋白在食品中可作为乳化剂，改进西式甜点制品的胶体性质，使成品膨松、柔软、爽口。

（二）抗老化性

乳品含有大量蛋白质，它能使面团的吸水率提高，面筋性能得到改善，从而延缓制品的“老化”。

三、乳品的品质检验与储存方法

（一）牛奶

牛奶应呈乳白色，稍带甜味，具有鲜奶香味，无杂质、无异味。牛奶应在低温环境中储存。

（二）酸奶

优质酸奶呈均匀的半固态状，乳白色，无杂质、无异味，味稍甜并带有酸奶香味，一般在低温环境中储存。

（三）炼乳

炼乳应为白色或淡黄色黏稠液体，口味香甜，无脂肪上浮，无霉斑、无异味，应在低温、通风、凉爽干燥处储存。

（四）鲜奶油

优质的鲜奶油气味芳香、纯正，口味稍甜，质地细腻，无杂质、无结块，应在低温环境中冷藏。

（五）奶粉

质量好的奶粉为白色或浅黄色的干燥粉末，奶香味纯，无杂质、无结块、无异味。由于奶粉容易吸潮结块和吸收环境中的异味，所以储存时要密封、避热，保持良好通风，同时注意不与有异味的物品放在一起。

（六）奶酪

优质奶酪气味正常，内部组织紧密，切片整齐不碎，有一种怪异的香味，适宜冷藏。

四、乳品在西式面点制作中的作用

提高制品的营养价值。乳品营养丰富，易被人体消化吸收，对增进人体健康，尤其对增进儿童健康有重要作用。

改进面团性能，提高产品外观质量。乳品在面粉中能改进面团的胶体性能，促进面团中油和水的乳化，能调节面筋的湿润度，使成品不易收缩变形，表面光滑，外观质量好。

奶香突出，风味雅致。乳品中的脂肪是乳品口感香甜的重要因素，将其加入糕点配料中，经烘烤后，低分子脂肪挥发，奶香味更加浓郁，能促进人们食欲，提高成品的食用价值。

乳品能延缓制品老化。

总之，西式面点的制作过程中加入牛奶或奶粉后，不但可以提高乳制品的营养价值，产生香醇滋味，而且具有改进西式面点的胶体性质，增加面团的气体保持能力，使成品膨松、柔软可口。

第六节　食　　盐

食盐的化学名称为“氯化钠”，具有咸味，是烹饪中基本的调味料。食盐在西式面点制作中用量虽小，但在面团类点心制作中有着特殊的作用，因而它在西式面点制作中，尤其是在面包生产中有着十分重要的意义。

一、食盐的种类

食盐有许多品种，如按来源不同，可分为海盐、井盐、池盐、岩盐四种；如按加工工艺不同，可分成粗盐、精盐和再制盐三种。饮食业通常以后一种方法来区别食盐。

（一）粗盐

亦称“原盐”，粗盐一般指颗粒较粗的食盐。这种盐除氯化钠外，还含有一定的杂质和水分，并略带苦涩味，面点制作中一般不用。

（二）精盐

它是由粗盐的饱和溶液除去杂质，再蒸发后形成的粉状结晶体。精盐色泽洁白，咸味醇正。

（三）再生盐

再生盐亦称“健康盐”，是根据特殊需要，在精盐的基础上再加入或除去某种成分而成的食盐，如“加碘盐”“低钠盐”等。一般应用于各种营养食品的调味。

二、食盐在西式面点制作中的作用

（一）增强面团筋力

食盐对面团中的蛋白质有一种拉紧的作用，即能使面团上劲。当食盐加入面团后，能改进面团中面筋的物理性质，使面团质地变密，弹性增强，面团在拉伸或膨胀时不易断裂，提高面团保持气体的能力。

（二）调节面团的发酵速度

食盐对酵母菌的生长繁殖有抑制作用，用量过高，对酵母菌的生长繁殖不利。因此，根据不同制品的需要，可以通过调整食盐的用量来调节面团的发酵速度。

（三）调味作用

使成品具有应有的咸味，改善成品的口味。

第七节　水

一、水的种类

水有硬水和软水之分。水中含有较多溶解状态的镁、钙等化合物的水叫作硬水。日常饮用的自来水则是经过净化处理后的水，这种水可称为软水。在软水中烹饪食物比在硬水中烹饪食物易于成熟。天然水不是纯净的，通常含有溶解的气体、矿物质和有机质。

二、水在西式面点制作中的作用

在西式面点制作中，水与其他配料的混合比例可以影响成品的色、香、味、形，对制品的组织、质地以及成熟时间、存放时间都会有很大影响。水的作用主要有以下几点：

（一）溶剂作用

西式面点配方中的食盐、糖、着色剂以及其他水溶性物质是依靠水才得以溶解，从而均匀分布。

（二）分散剂作用

水有助于分散蛋白质和淀粉等微粒。例如，牛奶中的蛋白质就分散于整个液体中；奶粉可均匀分散于水中。若想用淀粉使牛奶沙司液体变稠，淀粉颗粒必须均匀分布于整个液体中才能得到正常效果。

（三）同许多物质生成化合物

盐类、蛋白质和淀粉可形成食物中的水合物。面团、面糊就是一种水合物。明胶可吸水而膨胀，面筋吸收水而紧紧粘在一起，它们都是蛋白质吸水的很好例子。

（四）促进多种化学变化

发粉若保持完全干燥，就不发生任何化学变化。然而将发粉加入有水的混合物中，便立即反应并放出气泡。

第八节　添　加　剂

一、膨松剂

膨松剂又称膨胀剂、疏松剂，它能使点心、面包内形成均匀、致密的多孔性组织。

根据原料性质组成，膨松剂可分为化学膨松剂和生物膨松剂两大类，其中化学膨松剂又可分为碱性膨松剂和复合膨松剂。

（一）化学膨松剂

1．碳酸氢钠

碳酸氢钠俗称“小苏打”“苏打粉”。碳酸氢钠呈白色粉末结晶状，碱性，味咸，在干燥空气中稳定，在潮湿或热空气中缓慢分解并产生二氧化碳气体。其分解温度为60℃，加热到270℃即失去全部二氧化碳。碳酸氢钠产气量为261ml/g，pH值为8.3，水溶液呈弱碱性。

小苏打分解后残留有碱性物质，所以要控制其用量，并在使用小苏打时加适量的酸，以形成较为中性的残余物。碳酸氢钠通常用于饼干等的制作。

2．碳酸氢铵

俗称“臭粉”，分子式为NH_4HCO_3。臭粉为白色结晶粉末状，有氨臭味，热稳定性差，在空气中风化，分解温度低，约为30°C，在约60°C的环境中即分解完毕。其产气量为700ml/g。碳酸氢铵易溶于水，有吸湿性，pH值为7.8，水溶液呈碱性。

碳酸氢氨分解产生氨气和二氧化碳两种气体，上冲力大，极易使烘焙食品膨松，但也容易造成成品组织结构过松，内部或表面出现大的空洞。并且加热中产生强烈刺激的氨气味，会影响食品品质和风味。

3．泡打粉

俗称发酵粉、焙粉、发粉，呈白色粉末状，无异味，在冷水中分解，它是由碱性物质，酸性物质和填充物按一定比例混合而成的复合膨松剂。在发酵中主要是酸剂和碱剂相互作用，产生二氧化碳气体。而填充物多采用淀粉，其作用在于延长膨松剂的保存期，防止发酵粉的吸潮结块和失效，同时还可以调节气体产生速度，促使气泡均匀生成。

由于泡打粉是根据酸碱中和反应原理而配制的，它的生成物呈中性，因此消除了小苏打和臭碱在各自使用中的缺点。用泡打粉制作的点心组织均匀，质地细腻，无大孔洞，颜色正常，风味纯正，所以被广泛用于糕点的制作。

（二）生物膨松剂

生物膨松剂主要是指酵母。酵母是单细胞微生物，在养料、温度和湿度等条件适合时，能迅速繁殖，释放出大量二氧化碳气体。发酵面团的膨胀作用是通过酵母的发酵来完成的。目前，常见的酵母有鲜酵母、活性干酵母、速溶干酵母等。

1．鲜酵母

又称压榨鲜酵母，呈块状，乳白色或淡黄色，它是酵母菌在培养基中通过培养、繁殖、分离、压榨而制成的，具有特殊的香味。使用前先用温水化开，再掺入面粉一起搅拌。鲜酵母在高温下容易变质和自溶，因此，宜低温储存。

2．活性干酵母

是由鲜酵母低温干燥制成的颗粒状酵母，这种酵母使用前要用温水活化培养。活性干酵母便于储存，发酵力较强。

3．速溶干酵母

是一种发酵速度很快的高活性新型干酵母，如法国燕牌速溶干酵母。这种酵母的活性远远高于鲜酵母和活性干酵母的活性，具有发酵力强、发酵速度快、活性稳定、便于储存等优点。使用时不需活化。

二、面包改良剂

改良剂主要用于面包的生产，常用的有硬脂酰乳酸钙。

硬脂酰乳酸钙是为了改善面包的品质而研究开发出来的一种食品添加剂，它只限于面包的使用。在面包原料中如果添加硬脂酰乳酸钙，可以改良淀粉，使面包的体积增大5%～10%。硬脂酰乳酸钙有抗老化效果，能保持面包的新鲜度。

三、塔塔粉

塔塔粉化学名为酒石酸氢钾，它是制作戚风蛋糕必不可少的原材料。

戚风蛋糕是利用蛋清来起发的，蛋清偏碱性，pH值达到7.6。而蛋清在偏酸的环境下，也就是pH值在4.6～4.8时才能形成膨松稳定的泡沫，起发后才能添加大量的其他配料。制作戚风蛋糕时，先将蛋清和蛋黄分开搅拌，蛋清搅拌起发后拌入蛋黄部分的面糊，没有添加塔塔粉的蛋清虽然能打发，但是加入蛋黄面糊后则会下陷，不能成型，所以需要利用塔塔粉的这一特性来达到最佳效果。

（一）塔塔粉的功能

中和蛋白的碱性。

帮助蛋白起发，使泡沫稳定、持久。

增加制品的韧性，使产品更为柔软。

（二）塔塔粉的添加量和添加方法

塔塔粉的添加量一般是全蛋质量的0.6%～1.5%（质量分数），与搅拌蛋清时加入的砂糖一起拌匀加入。

四、蛋糕油

蛋糕油又称蛋糕乳化剂或蛋糕起泡剂，它在海绵蛋糕的制作中起着重要的作用。

在搅打蛋糕面糊时加入蛋糕油，蛋糕油可吸附在空气—液体界面上，能使界面张力下降，液体和气体的接触面积增大，液面的机械强度增加，有利于面糊发泡和泡沫的稳定，使面糊的比重和密度降低，而烘烤出的成品体积增大，同时还能够使面糊中的气泡分布均匀，大气泡减少，使成品的组织结构变得更加细腻、均匀。

蛋糕油的添加量一般是鸡蛋质量的 3%～5%（质量分数），蛋糕配方中鸡蛋增加或减少，蛋糕油也必须按比例增加或减少。蛋糕油一定要在面糊的快速搅拌之前加入，这样才能使蛋糕油充分搅拌溶解，防止出现沉淀和结块现象，达到最佳效果。

另外，面糊中加入蛋糕油后不能长时间搅拌，因为过度的搅拌会使空气拌入太多，反而不能够稳定气泡，导致气泡破裂，最终造成体积下陷，组织变成棉花状。

五、乳化剂

在水和油这两种本来不能混合的物质里，如果加入适当的乳化剂并搅拌，就会使油和水变成微粒状混合物，这个过程叫乳化，具有乳化性质的物质就叫乳化剂。

乳化剂也可使配料分布均匀而改进烘烤制品的组织、体积和稠度。如果没有乳化剂，布丁、糕饼和冰激凌等就会离析，裱花奶油也难以制作。

用途最广的乳化剂是卵磷脂，它存在牛奶、蛋类和大豆中。大部分商业用卵磷脂来自植物，如大豆卵磷脂。

六、明胶

明胶是由动物皮骨熬制成的有机化合物，常用的是从鱼皮骨中加工出来的“鱼胶”，呈白色或淡黄色的半透明颗粒、薄片或粉末状。明胶单独食用时无任何味道和营养价值，但是与别的食品并用时便呈现出令人感兴趣的特性。

（一）明胶的基本特性

在食品制作中，明胶最主要的特性是其不确定食品的颜色，具有较强的吸水性，在热的液体中易溶扩散，而冷却后处于分散状态，以及增加至足够浓度时能使溶液稠化成半固体状。

（二）明胶的成分与用途

明胶的主要成分是骨胶原，这是一种不完全蛋白质，它必须与其他含蛋白质的食物混合使用才能有助于保持膳食的总蛋白质含量。明胶能使营养性食品成为非常有吸引力的组合物，可充作美味菜点的主要成分。

明胶广泛地用于冰激凌、软糖和果冻之类的食品中。

明胶制品若调制得当，在室温下仍会保持其形状，富有光泽。此类食品有弹性但不坚韧。由液体变为凝胶体要取决于明胶的用量和分散明胶的液体类型及温度。

七、着色剂（食用色素）

西式面点制作过程中使用色素的目的是为了改变成品颜色，使其具有鲜艳的色彩，即对成品起美化装饰作用。

食用色素的种类很多，按其来源可分为天然色素和合成色素两大类。

（一）天然色素

食用天然色素是指从生物中提取的色素，按其来源可分为动物色素、植物色素和微生物色素三大类；若以溶解性能来区分则可分为脂溶性色素和水溶性色素。现在我国允许使用并已制订国家标准的天然色素有紫胶红、红花黄、红曲米、辣椒红、焦糖色、天然苋菜红等。

天然色素虽然具有对光、酸、热等条件敏感、色素稳定性差、成本较高等缺点，但是，由于天然色素一般对人体无害，有些还具有一定的营养价值，所以面点生产中一般不用人工合成色素而使用天然色素。

民间面点制作中常常是利用植物性原料中固有的色素，如将菠菜捣烂并榨出绿色汁水，再加上少许石灰水使其澄清，得到青翠色；将南瓜煮烂并掺入面粉中，得到橙黄色或黄色；将紫菜煮汁和入面中，则得到红色。

（二）合成色素

合成色素主要是指用人工化学合成方法所制的有机色素。与天然色素相比具有色彩鲜艳、成本低廉、结合牢度大、性质稳定、着色力强，并且可以调制各种色调等优点。但合成色素本身无营养价值，大多数对人体有害，在面点制作中很少使用。

我国允许使用的食用合成色素主要有 5 种，即苋菜红、胭脂红、柠檬黄、靛蓝、日落黄，并且规定了使用量。

苋菜红为紫红色粉末，无臭味，0.01%水溶液呈玫瑰红色，在碱性溶液中则变成暗红色。其微溶于乙醇，不溶于油脂。最大使用量为 0.05g/kg。

胭脂红是红色均匀粉末，溶于水，水溶液呈红色。最大使用量为 0.05g/kg。

柠檬黄为橙黄色均匀粉末，0.1%水溶液呈黄色。最大使用量为 0.1g/kg。

靛蓝为蓝色均匀粉末，0.05%水溶液呈深蓝色。最大使用量为 0.1g/kg。

日落黄为黄色粉末，0.1%水溶液呈黄色，最大使用量为 0.1g/kg。

八、香精香料

香精香料能增进西式面点成品的香味，还具有抑制细菌生成和防止食品腐败的功能。

香料按不同的来源可分为天然香料和人工合成香料。

人工合成的香料一般不单独使用，在西式面点制作中直接使用的合成香料有香兰素，又称香草醛，为白色的结晶体，具有特殊的香气，易溶于热水，主要用于蛋糕制作。

香精是由数种或数十种香料经稀释剂调和而成。

食用香精是以食品着香为目的，增加食品魅力的添加剂。

食用香精的作用主要表现在以下三个方面：

清除或掩盖制品的不良气味；

赋予制品良好的气味；

加强制品原有的香味。

常用的香精以水果型香精为主，如柠檬味香精、橘子味香精、椰子味香精、香蕉味香精等。此外，还有些香料在西式面点中也有应用，如香兰素、奶油、巧克力、桂花、肉桂粉、丁香粉和洋葱汁等。

九、抗氧化剂

抗氧化剂是为阻止或延迟食品氧化，提高食品稳定性，延长食品储存期而加入的一种物质。抗氧化剂一般为油溶性和水溶性两种。各种抗氧化剂虽都有抗氧化作用的共性，但又各有特点。西式面点中常用的抗氧化剂有：丁基羟基茴香醚（BHA）、二丁基羟基甲苯（BHT）、没食子酸丙酯（PG）、维生素、天然抗氧化物质（丁香、花椒、茴香、姜、桂皮、玉米粉、黄豆粉、黄豆油）等。

十、食品强化剂

以增加和补充食品的营养为目的而使用的添加剂称为食品强化剂。食品强化剂的品种很多，大致有维生素（维生素 A、B 族维生素、烟酸、维生素 C）、氨基酸、无机盐等。

十一、酸味剂

酸味剂又可称为酸度调节剂。添加于食品中并产生独特味道的酸味剂是有机酸和它们的盐类。

（一）酸味剂中常用品种

酸味剂的分类不太严格，在强化剂、调味剂里有酸味剂，在膨化剂、抗氧化剂里也有酸味剂。饮食业中常用的酸味剂有柠檬酸、乳酸、苹果酸、偏酒石酸、醋酸、磷酸等，其中使用最多的是柠檬酸，乳酸一般都与柠檬酸混合使用。这些有机酸都参与人体正常代谢，安全性较高。

柠檬酸为白色结晶体，是构成柠檬、柚子、柑橘等水果里天然酸味的主要成分，其酸味柔和。

柠檬酸被广泛添加于食品中，在清凉饮料里添加 0.15%～0.3%，在果片、果冻、果酱、水果糖里添加约 1%。而作为抗氧化剂，在冷冻水果或水果加工品里添加 0.25% 左右。

（二）酸味剂在西式面点制作中的作用

赋予食品酸味和清凉感，能产生很好的酸味。

能调整食品的 pH 值，抑制腐败菌等微生物的繁殖。

有助于溶解纤维素及钙、磷等物质，促进这些物质在人体的消化吸收。

可以作为抗氧化剂的增效剂。

十二、其他添加剂

（一）啫喱粉

啫喱粉又称果冻粉，它是采用天然的海藻提取胶复合而成的一种无色无味的食用胶粉。啫喱粉是制作果冻的必用原料，也用于制作布丁和慕斯等西式面点。

啫喱粉的作用是促进果冻、布丁、慕斯的成型，起到稳定作用。

不同牌子的啫喱粉吸水量不相同，使用前必须详细看使用说明书，一般的使用方法是用干净的器皿盛装啫喱粉，加入白糖，然后将煮沸的水倒入啫喱粉里，搅拌均匀，根据要求调色、调味、装模，冷冻成型便可。

（二）吉士粉

吉士粉是一种香料粉，呈粉末状，浅黄色或浅橙黄色，具有浓郁的奶香味和果香味，系由疏松剂、稳定剂、食用香精、食用色素、奶粉、淀粉和填充剂组合而成。吉士粉易溶化、适用于软、香、滑的冷热甜点中（如蛋糕、蛋卷、包馅、面包等糕点中），主要取其特殊的香气和味道，是一种较理想的食品香料粉。

（三）水果光亮剂

主要成分是糖、葡萄糖、蔬菜汁、防腐剂和水，用于增强鲜果表面光泽和延长鲜果保鲜期。

（四）琼脂

琼脂又称“冻粉”“洋菜”“植物明胶”，是以海洋藻类（石花菜、牛毛菜等）为原料加工提炼制成的“凝胶剂”。优质的琼脂呈无色或淡灰色半透明体，呈长条薄片或粉状，无味，吸水性很强。其特性与明胶相似，通常用于制作糕点、软糖和其他冷冻甜食（如杏仁豆腐）等。由于琼脂是由可食海藻植物加工成的，因而含有一定的矿物质等营养成分。

第八章　西式面点制作的基础操作及成型装饰方法

西式面点制作的基础操作及成型方法，是西式面点制作的基本功。西式面点成型的目的是丰富成品的品种，更重要的是美化成品的形态，增强其艺术性。一款造型精巧、形态别致、艺术感染力强的西式面点无一不是通过各种成型技法实现的。因此，西式面点师的成型技术的基本功熟练与否，直接影响着产品的质量。

西式面点的成型技法很多，按成型的步骤可分为直接成型和间接成型两种。操作技巧有和、揉、搓、擀、包、裱、挤、搅打、捏、卷、抹、淋、折叠、拉、转等。每种技法均有其特有的功能，实际工作中可视需要相互配合使用。一款造型精致的点心往往是通过多种操作技法综合运用完成的。

第一节　和、擀、卷技法

一、和技法

和是将粉料与水或其他辅料掺和在一起并揉成面团的过程，它是整个点心制作中最初的一道工序，也是一个重要的环节。和面技法的好坏直接影响成品的质量，影响点心制作工艺能否顺利进行。

（一）和的方法

和面的具体方法，大体可分为炒拌、调和两种手法：

1．炒拌法

将面粉放入缸或盆中，中间开窝，放入七八成的水，双手伸入缸中，从外向内，由下而上地反复炒拌。炒拌时用力要均匀，待面成为雪片状时，加入剩余的水，双手继续炒拌，至面粉成为结实的块状时，可将面搓、揉成面团。

2．调和法

先将面粉放在案台上，中间开窝，再将鸡蛋、油脂、糖等物料倒入其中，双手五指张开，从外向内进行调和，再搓、揉成面团（如混酥面）。

（二）和技法的注意事项

要掌握液体配料与面粉的比例。

要根据面团性质的需要，选用面筋含量不同的面粉，并采用不同的操作手法。

动作要迅速，干净利落，面粉与配料混合均匀，不夹粉粒。

二、擀技法

擀是借助于工具将面团展开使之变为片状的操作手法。

（一）擀的方法

先将坯料放在工作台上，并将擀面杖置于坯料之上，用双手的中部搪住擀面杖，向前滚动的同时，向下施力，将坯料擀成符合要求的厚度和形状。如擀清酥面，用水调面团包入黄油后进行擀制，擀制时要用力适当，掌握平衡。清酥面的擀制是较难的工序，冬季好擀，夏季较困难，擀的同时还要利用冰箱来调节面团的软硬。擀制好的成品起发好、层次分明、体轻个大；擀不好会造成跑油、层次混乱、只硬不酥。

（二）擀技法的注意事项

擀制面团时应干净利落，施力均匀。

擀制品要平，无断裂，表面光滑。

三、卷技法

卷是西式面点的成型手法。

（一）卷的方法

西式面点制作中需要卷制的品种较多，方法也不尽相同。有的品种要求熟制以后卷，有的是在熟制以前卷，无论哪种卷法都是从头到尾用手以滚动的方式，由小到大地卷。卷有单手卷和双手卷两种形式。单手卷（如清酥类的羊角酥）是用一只手拿着形如圆锥形的模具，另一只手将面团拿起，在模具上由小头向大头轻轻地卷起，双手配合一致，把面条卷在模具上，卷的层次要均匀。双手卷（如蛋糕卷）是将蛋糕薄坯置于工作台上，涂抹上配料，双手向前推动卷起成型。卷制后的成品不能有空心，粗细要均匀一致。

（二）卷技法的注意事项

被卷的坯料不宜放置过久，否则卷制后的产品松开不紧实。

用力要均匀，双手配合要协调一致。

第二节　捏、揉、搓技法

一、捏技法

五指配合将原料粘在一起，做成各种栩栩如生的实物形态的动作称为捏。捏是一种有较高艺术性的手法，西式面点制作中常以细腻的杏仁膏为原料，捏成各种水果（如梨、香蕉、绿色的葡萄及寿桃等）和小动物（如猪、狗、兔等）。

（一）捏的方法

由于制品原料不同，捏制的成品有两种类型，一种是实心的，另一种是包馅的。实心的为小型制品，其原料全部由杏仁膏构成，根据需要点缀颜色，有的还浇一部分巧克力。包馅的一般为较大型的制品，一般是用蛋糕坯与蜂蜜调成团后，做出所需的形状，然后用杏仁膏包上一层。

捏是一种艺术性强、操作比较复杂的手法，用这种手法可以捏糖花、面人、寿桃及各种形态逼真的花鸟、瓜果、飞禽走兽等。例如，捏一朵以马司板（又称杏仁膏、杏仁面、杏仁泥。是用杏仁、砂糖加适量的兰姆酒或白兰地制成的）为原料的月季花，其操作手法是：首先把马司板分成若干小剂子，滚圆后放在保鲜纸或塑料纸中，用拇指搓成各种花瓣，然后将大小不一的花瓣捏为一体，即可形成一朵漂亮的月季花。

捏不只限于手工成型，还可以借助工具成型，如刀子、剪子等。

（二）捏技法的注意事项

用力要均匀，面皮不能破损。

制品封口时，不留痕迹。

制品要美观，形态要真实、完整。

二、揉技法

揉主要是用于面包的制作过程中，目的是使面团中的淀粉膨润黏结，气泡消失，蛋白质均匀分布，从而产生有弹性的面筋网络，增加面团的劲力。揉匀、揉透的面团，内部结构均匀，外表光润爽滑，否则会影响成品质量。

（一）揉的方法

揉可分为单手揉和双手揉两种。

1．单手揉

单手揉适用于较小的面团。其方法是先将较小的面团分成小剂，置于工作台上，再将五指合拢，手掌扣住面剂，朝着一个方向旋转揉动。面团在手掌间自然滚动的同时要挤压，使面剂紧凑，光滑且变圆，内部气体消失，面团底部的中间呈旋涡形，收口向下，然后再放置到烤盘上进行烤制。

2．双手揉

双手揉适用于较大的面团。其方法是用一只手压住面剂的一端，另一只手压在面剂的另一端，用力向外推揉，再向内使劲卷起，双手配合，反复揉搓，使面剂光滑变圆。待收口变小时压紧，最后将面团收口向下放置到烤盘上进行烤制。

（二）揉技法的注意事项

揉面时用力要轻重适当，俗称“揉得活”。特别是发酵蓬松的面团更不能用力揉，否则会影响成品的膨松度。

揉面要始终保持一个光洁面，不可无规则地乱揉，否则面团外观不完整，无光洁，还会破坏面筋网络的形成。

揉面的动作要利落，要将面团揉匀、揉透，还要揉出光泽。

三、搓技法

搓是将揉好的面团改成长条状，或将面粉与油脂混合在一起的操作手法。

（一）搓的方法

搓面团时先将揉好的面团改成长条状，双手的手掌摁在条上，双手同时施力，来回地揉搓，边推边搓，面条前后滚动数次后会向两侧延伸，成为粗细均匀的圆形长条。

油脂与面粉混合时，手掌向前施力，使面粉和油脂均匀地混合在一起。但不宜过多搓揉，以防面筋网络的形成，影响质量。

（二）搓技法的注意事项

双手动作要协调，用力均匀。

搓面时要用手掌的基部，按实后再推搓。

搓的时间不宜过长，用力不宜过猛，以免断裂。

搓条要紧，粗细均匀，条面圆滑，不使表面破裂为佳。

第三节　切、割、抹技法

一、切技法

（一）切的方法

切是借助于工具将制品（半成品或成品）分离成型的一种方法。

切可分为直刀切、推拉切、斜刀切等，其中以直刀切、推拉切为主。不同性质的制品，运用不同的切法，是提高制品质量的保证。

直刀切是把刀垂直放在要求的制品上面，向下施力使之分离的切法。

推拉切是刀与制品处于垂直状态，在向下压的同时前后推拉，反复数次后切断制品的切法。切酥脆类、绵软类的制品都采用此种方法，目的是保证制品的形态完整。

斜刀切是将刀面与案板成 45°，用推拉的切法将制品切断的方法。这种方法是在制作特殊形状的点心时使用。

（二）切技法的注意事项

直刀切是用刀垂直地向下切，切时刀不前推，也不后拉，着力点在刀的中部。

推拉切是在刀由上往下压的同时前推后拉，互相配合，力度应根据制品质地而定。

斜刀切一定要掌握好刀的角度，用力要均匀一致。

在切制成品时，应保证制品形态完整，要切得直，切得匀。

二、割技法

割是在被加工的坯料表面划裂口，并不切断的造型方法。制作某些品种的面包时常采用割面团的方法，目的是为了使制品烘烤后，表面因膨胀而呈现爆裂的效果。

（一）割的方法

为满足某些制品在进行烘烤后更加美观，有的制品需先割出一个造型美观的花纹，然后经烘烤，使花纹处掀起，待成熟后填入馅料，以丰富制品的造型和口味。具体方法是：右手拿刀，左手扶稳坯料，在坯料表面快速划出花纹即可。还有一种方法是分割面团，即将面团搓成长条，左手拂面，右手拿刮刀，将面团分割。

（二）割技法的注意事项

割裂制品的工具的锋刃要快，以免破坏制品的外观。

根据制品的工艺要求，确定裂口的深度。

割的动作要准确，用力不宜过大、过猛。

三、抹技法

（一）抹的方法

抹是将调制好的糊状原料，用工具平铺均匀，以使制品平整光滑的操作方法。如制作蛋卷时则采用抹的方法，不仅把蛋糊均匀地平抹在烤盘上，制品成熟后还要将果酱、打发的奶油等抹在制品的表面并进行卷制。抹又是对蛋糕做进一步装饰的基础，蛋糕在装饰之前先将所用的原料（如打发鲜奶油或黄油酱等）平整均匀地抹在蛋糕表面上，为成品的造型和美化创造有利的条件。

（二）抹技法的注意事项

使用刀具时要平稳，用力要均匀。

正确掌握抹刀的角度，保证制品的光滑平整。

第四节 沾、撒、挤、拼摆技法

沾、撒、挤、拼摆是西式面点装饰工艺中最基本、最常用的装饰手法。在西式面点的装饰工艺中，有时往往是两种或两种以上的装饰方法交互使用，以达到完美的装饰效果，因此掌握好基本的装饰方法，就显得更加重要了。

一、沾技法

（一）沾的概念

沾，就是把另一种或几种半成品原料沾在成品或成型体上，起衬托和增加风味的作用。例如，在巧克力气鼓条上面沾一层巧克力；在餐后小甜点外层沾巧克力等。

沾分全沾和部分沾两种。全沾就是将制品全部沾上另外一种原料。部分沾，就是仅将制品的一部分沾上另外一种原料。

（二）沾的方法

沾的方法多样。可依实际情况加以运用。在制品体积小时，还可借助手工工具来操作。

一般来讲，沾技法所用的原料大部分为液体或半固体的原料，如巧克力、果酱、糖浆等。有时也会用到固体颗粒或粉末类原料，如各种果仁碎、糖粉、可可粉等。

制品沾固体类原料时，一般比较简单，只要把握好制品所沾原料的多少以及制品所沾的部位，即可达到满意的效果。

而制品沾液体原料时，情况就要复杂得多了，这是因为各种液体类原料与所装饰的制品性质、浓度不一定相同，所以在沾制成品时，首先要考虑二者之间的性质及黏合程度，以求达到成品完美的效果和质量要求。

如果制品体积过小，不便于直接用手操作时，还要借助于工具来完成沾的操作，如在沾巧克力球、餐后小甜点时，就要使用专门沾各类小甜点的工具——巧克力沾浸叉及小甜点沾浸叉。

（三）沾的要求

沾是一项技术要求较高的操作方法，尤其是沾巧克力制品时，所要求的技术工艺更高。

对巧克力类制品来讲，沾后成品要求形态完整、光滑，所沾位置要完整有光泽，不能有多余的巧克力流下，巧克力不能变色和软化。

对于沾其他原料的制品而言，要求沾后成品形态完整，所沾的原料应能衬托成品的形态及造型，增加成品的风味和色彩。

二、撒技法

（一）撒的概念

撒就是将另外一种辅料撒在制品上面或撒在制品周围的操作过程，所撒的辅助原料起装饰和增加成品口味的作用。撒也是西式面点装饰工艺中经常使用的一种方法。在西式面点制作及装饰时，经常用于撒的主要装饰原料有巧克力碎、糖粉、可可粉、果仁碎、鲜水果丁及各式甜汁等。

（二）撒的方法

撒的方法灵活多变，一般要依据所撒原料的性质、特点，以及所撒制品的部位等实际情况，来加以灵活掌握。

撒粉质原料时，为了达到均匀平滑的目的，一般都要借助工具来实现，如用罗来撒糖粉、可可粉等。这样既容易掌握所撒原料的均匀度，又可增加成品的美观程度。

撒放固体颗粒或碎片时，直接用手操作便能达到工艺要求和质量要求。

撒放甜汁类原料时，一般要使用小匙或其他类似的工具，以达到均匀美观的效果。

（三）撒的要求

制品上所撒的辅料必须是能美化制品的原料，必须能提高成品风味及特色，或所撒的辅助原料必须是成品所要求的。任何违背这一原则的辅助原料，即不能突出成品风味特色的或影响成品造型及色泽的，都不应在实际工作中选用。

在实际工作中，撒的数量和范围对成品的影响很大，撒的装饰材料过多或过少都会影响成品的整体造型。如撒的范围不当，不仅影响制品的整体色彩，还影响其他辅助原料的布局和造型。所以，在实际操作中，撒放任何辅助原料都要考虑到制品的整体布局、造型的效果。要以增加成品风格，突出成品的自然造型和色彩为原则，灵活运用撒的工艺方法，以达到画龙点睛的目的。

三、挤技法

（一）挤的概念

挤，就是利用挤嘴、挤袋或纸卷，运用各种手法，将装入的馅料，在蛋糕或甜点等制品上挤制出各式图案的工艺。

（二）挤的方法

挤的方法很多，形式多样，按所挤的原料、性质划分，常用的方法大体有裱花嘴子挤法、油纸卷挤法、生面糊挤法和生面团挤法。

裱花嘴子挤法，就是在挤袋中装入奶油、调色的黄油酱或其他原料，利用裱花嘴在蛋糕或其他面点制品上，挤出所设计的图案、花样和造型。

油纸卷挤法，就是将油纸打成小喇叭卷，装入巧克力酱或果酱、糖粉膏等液体及半固体的原料，在蛋糕或其他制品上，挤出各种字体、图案、风景、人物等较复杂的花样。

生面糊挤法，就是将挤袋中装入调制好的生面糊或生蛋糊，在烤盘上挤上制品所要求的形状和大小，然后烘烤成熟后制成成品的方法。如各种清蛋糕类甜点、饼干等。

生面团挤法，就是各类生饼面团的挤法，以及某些特制蛋糕的成型挤法。制作饼干时，根据生产饼干种类和品种的不同，所用的挤嘴也不相同，所以，在挤制生面团时所用的手法和劲力也不相同。尤其挤制气鼓生面团时，运用不同的花嘴和手法，可以制作出造型各异、形象丰富的各类制品，如气鼓鸭子、鱼或各种植物等。

（三）挤的要求

挤在成型和装饰工艺上起着很重要的作用。挤技法要求操作手法娴熟、流畅、自然。无论挤何种原料，都要求纹路清晰、均匀，薄厚一致，所挤内容要与制品的质量要求、造型要求相统一，在特定环境下，挤出的图案要以制品的要求为准则。

用裱花嘴子挤法装饰蛋糕及其制品时，要求挤出的图案流畅、自然，具有较强的艺术性和装饰性，纹路要清晰、准确。

在用油纸卷挤法时，用力要均匀。根据制品的大小，纸卷嘴部要选择合适的粗细度及薄厚度，所挤的字及图案要清晰、明快、活泼、自然天成。

在挤生面糊时，要求制品大小、薄厚一致，互相不粘连。

在挤生面团时，要求所挤出的制品及造型个头大小一致，花纹清晰，形态逼真自然。

四、拼摆技法

（一）拼摆的概念

拼摆就是将不同的半成品、装饰品等原料，运用艺术的手法，组合成一个完整的成品。在西式面点制作中，拼摆的成品既是可食的制品，又是用于装饰的制品。

拼摆可以说是西式面点装饰工艺最重要的步骤，拼摆得好坏，将直接影响到成品的整体效果。

（二）拼摆的方法

拼摆没有一定的标准，可根据各种原料的大小、性质、色彩等，运用艺术的眼光加以合理组合、安排，以达到突出主题、风格鲜明、具有特色的目的。

在拼摆时要掌握的基本要素有两个。首先，就各种原料的大小、高低来讲，一般采用前低后高、前小后大的原则。其次，要掌握各种原料的色彩搭配，不可色彩单一或大红大绿，要以自然、清新、淡雅为原则，灵活搭配色彩。

（三）拼摆的要求

拼摆各类甜点制品或装饰制品时，首先要掌握好拼摆原料的主次关系，要将主体放在最夺人眼球的重要位置，然后再合理安排其他原料位置。

拼摆的首要要求是要具有鲜明的艺术性，因此，在突出主题的前提下，要运用艺术的多变性，对各种原料加以灵活多变的拼摆，力争营造出丰富多彩的艺术气势，以达到拼摆的装饰要求和目的。

第五节　裱　花

裱花无论在工艺上，还是操作手法上，都和挤有着明显的不同。裱花，在实际应用时与挤的不同之处在于，裱花更加具有装饰及艺术的成分。

一、裱花的概念、方法与要求

（一）裱花的概念

裱花就是将用料装入裱花袋（或裱花纸）中，再用手挤压，使装饰用料从花嘴中被挤出，形成各种各样的艺术图案和造型。

裱花常用于装饰蛋糕表面和制作边缘花及各种造型，尤其是制作大型多层蛋糕或装饰蛋糕时使用此方法更多、更广、更加复杂。

（二）裱花的方法

裱花是一项精细的工艺技巧，必须要以坚实的基本功底为基础。

裱花的方法与裱花用料、手的力度、花嘴的运动速度、花嘴的大小及式样都有着紧密的关系。

裱蛋糕类制品时，所用的原料大部分为黄油酱、糖粉酱、鲜奶油等。由于每一种原料的密度、软硬度、柔韧性各不相同，所以制成的成品效果也不一样，操作时所用的劲力及运行速度也有各自的要求。一般来讲，黄油酱用于裱蛋糕制品时，较易操作成型，因为黄油酱的软硬度、柔韧性都比较容易掌握，裱的成品线条清晰、层次分明，有极强的立体感和质感，而且对各式花嘴的要求比较低，几乎任何花嘴都可以用于黄油酱裱花。糖粉酱是用糖粉和蛋清加酸后调制而成的裱花原料，在使用时，需要有一定的软硬度，过软或过硬都不能很好地使用，而且这类原料在空气中很易干硬，所以需要很熟练的基本功，才能制作出高质量的成品。鲜奶油用于裱花时，由于鲜奶油较软，在温度较高时更不易定型，所以仅仅用来制作较简单的裱花及装饰，不能用于比较复杂的裱花。

在裱蛋糕制品时，无论使用任何一种原料，手的力度都将直接影响到用料从花嘴中被挤出的形状、大小。用力越大，被挤出的料越多且越粗；用力越小，被挤出的料越细且越少。利用这一规律，就可在操作时勾画出粗细不一、错落有致的线条和图案，还可裱出各式字母、文字及造型。如果再适当地调换花嘴，就可制作出极具艺术力的大型裱花蛋糕成品。

在裱蛋糕类制品时，花嘴的运动速度也关系到裱花时的艺术效果。花嘴的运动速度快，则用料从花嘴中被挤出的少而细，制品呈现柔细流畅的线条。反之，花嘴的运动速度慢，则用料从花嘴中被挤出的多而粗，制品呈现出粗重凝厚的风格特点。如果再配以不同花嘴的调换使用及手用力的大小变化，即可裱制出千变万化的各式图案及造型。

（三）裱花的要求

裱蛋糕制品或装饰类制品时，所用的原料不同，裱花的效果也各不相同。根据用料的不同，对裱花的要求也各不相同。

在使用黄油酱裱花时，要求裱花的线条及图案要清新细腻，色彩要淡雅，造型要力求精细逼真，无论是线条、图案还是花朵，都要力求活泼自然。除此之外，还要充分利用黄油酱细腻光滑这一特点，使成品的整体效果力求精美优雅。

在使用糖粉酱裱花时，由于糖粉酱原料洁白细腻，韧性极好，因而可裱出造型极为复杂的制品，因此在操作时要力求精细。

在使用巧克力裱花时，要掌握好巧克力溶化时的温度，以及使用时的温度，因为只有在适当的溶化温度及使用温度内，才能最大限度地利用巧克力的软硬度及柔韧性，使成品及造型立体感强，有光亮，不易破损。

在使用鲜奶油裱花时，要尽量缩短操作时间，并在温度较低的环境下进行，以减少温度对奶油的影响。另外，在调制鲜奶油时，也要尽力使奶油打发到细腻、软硬度适合的程度，以利于裱花时的使用和操作。

在使用蛋清裱花时，在打发蛋清和砂糖时，要充分打发至砂糖全部溶化，并要严格掌握配方的比例。

二、裱花蛋糕的工艺方法与注意事项

裱花蛋糕是西式面点中经常制作的蛋糕。大型裱花婚礼蛋糕、裱花生日蛋糕、大型裱花装饰蛋糕及各种节日蛋糕等，几乎都要或多或少地使用裱花工艺，其中以大型裱花婚礼蛋糕和裱花生日蛋糕的制作数量最多，裱花工艺使用得也最多，二者具有很高的食用价值和艺术价值。

（一）裱花蛋糕的制作方法

制作裱花蛋糕时，首先要准备好所用的蛋糕坯，确定是制作婚礼裱花蛋糕还是裱花生日蛋糕；其次，要备好所需的支架或蛋糕架；最后将蛋糕坯按照制作裱花蛋糕的标准，每层分别制作成半成品，要求抹平整、光滑，以利于裱型的操作。

裱花蛋糕的制作方法，主要以裱花袋挤法和纸卷挤法最为常用。

1．裱花袋挤法

先将所用的裱花嘴装入裱花袋内，翻开裱花袋的内侧，用左手虎口抵住裱花袋中间，右手将所需的裱制原料装入裱花袋中。切忌装料过满，尤其是用糖粉酱裱制时，一般装半袋为宜。原料装好后，将裱花袋的内侧翻回去，同时把裱花袋卷紧，将袋内空气排出，使裱花袋坚实硬挺。

裱制时，右手虎口捏住裱花袋上部，同时手掌紧握裱花袋，左手轻扶裱花袋，以不阻挡视线为原则，并将裱花袋倾斜 45°，对着蛋糕表面挤出原料，此时原料经由花嘴按照操作者的手法动作，自然形成花纹或形状。

2．纸卷挤法

纸卷挤法一般裱制的线条较精细，工艺更加复杂，造型面积较小。操作时，首先将硬质油纸剪成三角形，再卷成一头小、一头大的喇叭形圆锥筒状，然后装入原料，用右手的拇指、食指和中指攥住纸卷的上口用力挤出。原料被挤出的粗细与形状可以通过纸卷尖部所剪口的大小、形状来控制。

有时，为了裱制特殊的曲线和形状，还要在纸卷内放入小巧的裱花嘴来达到质量要求，因此，要根据需要制作适合的纸卷。

（二）制作裱花蛋糕的注意事项

制作裱花蛋糕是一项技术含量很高的工作，需要较高的基本功底和熟练的手法。在实际制作中，任何不慎都会导致成品的质量下降，严重的会直接影响到成品的形状和美观，因此，要注意以下事项和要求：

裱蛋糕时，双手配合要默契，动作要轻柔灵活，用力均匀。

要正确运用操作姿势与操作的基本手法。

原料装入裱花袋或纸卷的量要适宜，过多或过少都会直接影响到手的运动和用力的程度。

要熟悉所用原料的性质和特点，以做到心中有数。例如，用黄油酱裱制蛋糕时，靠近手掌部分的原料在最后被挤出时，由于掌心的温度往往会微有溶化、发软，裱制出的形状或线条会有所差异，所以要及时更换。

裱制蛋糕时，要做到图案纹路清晰，线条流畅自然，大小均匀，薄厚一致。

裱制蛋糕时，要运用艺术的观点来操作，裱制的图案或花纹要具有艺术性。

第九章　西式面点制作工艺

第一节　蛋糕制作工艺

一、蛋糕的分类

蛋糕是一种古老的西点，一般是由烤箱制作的。蛋糕是以鸡蛋、白糖、小麦粉为主要原料，以牛奶、果汁、奶粉、香粉、色拉油、水、起酥油、泡打粉为辅料，经过搅拌、调制、烘烤后制成一种像海绵的点心。

蛋糕的主要成分是面粉、鸡蛋、奶油等，含有碳水化合物、蛋白质、脂肪、维生素及钙、钾、磷、钠、镁、硒等矿物质，食用方便，是人们最常食用的糕点之一。

蛋糕最早起源于西方，后来才慢慢地传入中国。最早的蛋糕是用几样简单的材料做出来的，其原料是通过早期的经贸路线使异国香料由远东向北输入，而坚果、柑橘类水果、枣子与无花果从中东引进，甘蔗则从东方国家与南方国家进口。

在欧洲黑暗时代，这些珍奇的原料只有僧侣与贵族才能拥有，他们当时的糕点创作是蜂蜜姜饼以及扁平硬饼干之类的东西。慢慢地，随着贸易往来的频繁，西方国家的饮食习惯也跟着彻底地改变。

十字军东征返家的士兵和阿拉伯商人，把香料的运用和中东的食谱散播开来。在中欧几个主要的商业重镇，烘焙师傅的同业公会也组织了起来。中世纪末，香料已被欧洲各地的富有人家广为使用，更提高了糕点烘焙技术。等到坚果和糖大肆流行时，杏仁糖泥也跟着大众化起来，这种杏仁糖泥是用木雕的凹版模子烤出来的，而模子上的图案则与宗教训诫多有关联。

蛋糕的种类很多，按其使用原料、搅拌方法、面糊性质及膨发途径，通常可分为以下几类。

（一）乳沫类蛋糕

乳沫类蛋糕的主要原料依次为蛋、糖、面粉，另有少量液体油，且当用蛋量较少时要增加化学膨松剂以帮助面糊起发。

其膨发途径主要是靠蛋液在拌打过程中与空气融合发泡，进而在炉内产生蒸汽压力而使蛋糕体积起发膨胀。

根据蛋的用量的不同，又可分为海绵类与蛋白类。使用全蛋的称为海绵蛋糕，例如瑞士蛋糕卷、西洋蛋糕杯等。若仅使用蛋白的蛋糕称为天使蛋糕。

1．海绵蛋糕

海绵蛋糕（Sponge Cake）是一种乳沫类蛋糕，构成的主体是鸡蛋、糖搅打出来的泡沫和面粉结合而成的网状结构。因为海绵蛋糕的内部组织有很多圆洞，类似海绵，所以叫作海绵蛋糕。海绵蛋糕又分为全蛋海绵蛋糕和分蛋海绵蛋糕，这是按照制作方法的不同来分的。全蛋海绵蛋糕是全蛋打发后加入面粉制作而成的；分蛋海绵蛋糕在制作的时候，要把蛋清和蛋黄分开后分别打发再与面粉混合制作而成的。

海绵蛋糕常见的品种有海绵切块、柠檬蛋糕、巧克力蛋糕等。其产品特点是蛋香浓郁、结构绵软、有弹性、糕体轻。

（1）用料配方

制作海绵蛋糕用料有鸡蛋、白糖、面粉及少量油脂等，其中新鲜的鸡蛋是制作海绵蛋糕的最重要的原料，因为新鲜的鸡蛋胶体溶液稠度高，能打进气体，保持气体性能稳定；存放时间长的蛋不宜用来制作蛋糕。制作蛋糕的面粉常选择低筋粉，其粉质要细，面筋要软，但又要有足够的筋力来承担烘焙时的胀力，为形成蛋糕特有的组织起到骨架作用。若只有高筋粉，可先进行处理，取部分面粉上笼蒸熟，取出晾凉，再过筛，保持面粉没有疙瘩时才能使用，或者在面粉中加入少许玉米淀粉拌匀以降低面团的筋性。制作蛋糕的糖常选择蔗糖，以颗粒细密、颜色洁白者为佳，如绵白糖或糖粉。颗粒大者，往往在搅拌时间短时不易溶化，导致蛋糕质量下降。

（2）搅糊工艺

蛋白、蛋黄分开搅拌法：其工艺过程相对复杂，其投料顺序对蛋糕品质更是至关重要。通常需将蛋白、蛋黄分开搅打，所以最好要有两台搅拌机，一台搅打蛋白，另一台搅打蛋黄。先将蛋白和糖打成泡沫状，用手蘸一下，竖起，尖略下垂为止；另一台搅打蛋黄与糖，并缓缓将蛋白泡沫加入蛋糊中，最后加入面粉搅拌均匀，制成面糊。在操作的过程中，为了解决口感较干燥的问题，可在搅打蛋黄时，加入少许油脂一起搅打，利用蛋黄的乳化性，将油与蛋黄混合均匀。

全蛋与糖搅打法：是将鸡蛋与糖搅打起泡后，再加入其他原料搅打的一种方法。其制作过程是将配方中的全部鸡蛋和糖放在一起，入搅拌机，先用慢速搅打 2 分钟，待糖、蛋混合均匀，再改用中速搅拌至蛋糖呈乳白色；用手指勾起，蛋糊不会往下流时，改用快速搅打至蛋糊能竖起，但不很坚实；体积达到原来蛋糖体积的 3 倍左右时，把选用的面粉过筛，慢慢倒入已打发好的蛋糖中，并改用手工搅拌面粉（或用慢速搅拌面粉），拌匀即可。

乳化法：是指在制作海绵蛋糕时加入乳化剂的方法。蛋糕乳化剂在国内又称为蛋糕油，能够促使泡沫及油、水分散体系的稳定。它的应用是对传统工艺的一种改进，尤其是降低了传统海绵蛋糕制作的难度，同时还使制作出的海绵蛋糕融入更多的水、油脂，使制品不易老化、变干变硬，口感更加滋润，所以它更适宜于批量生产。

在传统工艺搅打蛋糖的操作时，使蛋糖打匀，即可加入面粉量 10%的蛋糕油，待蛋糖搅打发白时，加入选好的面粉，用中速搅拌至奶油色，然后可加入 30%的水和 15%的油脂，搅匀即可。

（3）烘烤

烘烤的温度对所烤蛋糕的质量影响很大。温度太低，烤出的蛋糕顶部会下陷，内部较粗糙；烤制温度太高，则蛋糕顶部隆起，中央部分容易裂开，四边向里收缩，糕体较硬。通常烤制蛋糕的温度以 180～220℃为佳。烘烤时间对所烤蛋糕质量影响也很大。正常情况下，烤制时间为 30 分钟左右。如时间短，则内部发黏，不熟；如时间长，则易干燥，四周硬脆。烘烤时间应依据制品的大小和厚薄来进行决定，同时可依据配方中糖的含量进行灵活调节。含糖量高，温度稍低，时间长；含糖量低，温度则稍高，时间短。

（4）出炉处理

出炉前，应鉴别蛋糕成熟与否，比如观察蛋糕表面的颜色，以判断生熟度。用手在蛋糕上轻轻一按，松手后可复原，表示已烤熟；不能复原，则表示还没有烤熟。还有一种更直接的办法，是用一根细的竹签插入蛋糕中心，然后拔出，若竹签上很光滑，没有蛋糊，表示蛋糕已熟透；若竹签上粘有蛋糊，则表示蛋糕还没熟。如没有熟透，需继续烘烤，直到烤熟为止。

如检验蛋糕已熟透，则可以从炉中、模具中取出，取出后要将海绵蛋糕立即翻过来，放在蛋糕架上，正面朝下，使之冷透，然后包装。蛋糕冷却有两种方法，一种是自然冷却，冷却时应减少制品的搬动，制品与制品之间应保持一定的距离，不宜叠放。另一种是风冷，吹风时不应直接吹，防止制品表面结皮。为了保持制品的新鲜度，可将蛋糕放在 2～10℃的冰箱里冷藏。

（5）质量标准

海绵蛋糕的质量标准是表面呈金黄色，内部呈乳黄色，色泽均匀一致，糕体较轻，顶部平坦或略微凸起，组织细密均匀，无大气孔，柔软而有弹性，内无生心，口感不黏不干，轻微湿润，蛋味甜味相对适中。

2．天使蛋糕

天使蛋糕（Angel Cake 或 Angel Food Cake）于 19 世纪在美国开始流行起来。

与其他蛋糕很不相同，其棉花般的质地和颜色，是靠把硬性发泡的鸡蛋清、白糖和白面粉打发制成的。天使蛋糕不含牛油、油质，因而鸡蛋清的泡沫能更好地支撑蛋糕。

制作天使蛋糕首先要将鸡蛋清打成硬性发泡，然后用轻巧地翻折手法拌入其他材料。天使蛋糕不含油脂，因此口味和材质都非常的轻。天使蛋糕很难用刀子切开，因为刀子很容易把蛋糕压下去，因此，切天使蛋糕时通常使用叉子、锯齿形刀以及特殊的切具。

天使蛋糕需要专门的天使蛋糕烤具，通常是一个高身、圆筒状、中间有筒的容器。天使蛋糕烤好后，要倒置放凉以保持体积。天使蛋糕通常配有汁，如水果甜汁等。

天使蛋糕的主要品种有：白色天使、彩色天使、天使卷等。其产品特点是色泽洁白，口感暄软、香甜。

（1）用料配方

天使蛋糕由蛋清、白糖、面粉、油脂等按 5∶3∶3∶1 的比例混合制作而成，因配方中没有用蛋黄，糕体内部组织相对比较细腻，色泽洁白，质地柔软，几乎呈膨松状。

（2）制作工艺流程

蛋清、糖搅拌至 3 倍—加入混合粉搅拌—加水油搅拌—慢速拌成面糊—入模具—烘烤—脱模。

（二）戚风类蛋糕

戚风类蛋糕（Chiffon Cake），是比较常见的一种基础蛋糕，也是现在很受西点烘焙爱好者喜欢的一种蛋糕，像是生日蛋糕一般就是用戚风蛋糕来做底。戚风蛋糕的做法很像分蛋的海绵蛋糕，其不同之处就是材料的比例，新手制作时可以加入发粉和塔塔粉，如此一来蛋糕的组织会非常松软。戚风类蛋糕的主要品种有：戚风卷、千层蛋糕、贵妃蛋糕、虎皮蛋糕等。

1. 产品特点

戚风蛋糕组织蓬松，水分含量高，味道清淡不腻，口感滋润嫩爽，有弹性，且无软烂的感觉，吃时淋各种酱汁很是可口，是目前最受欢迎的蛋糕之一。戚风蛋糕的质地异常松软，若是将同样重量的全蛋搅拌式海绵蛋糕面糊与戚风蛋糕的面糊同时烘烤，戚风蛋糕的体积可能是前者的 2 倍。

2. 制作过程

（1）糨糊的搅拌

戚风蛋糕是采用分蛋搅拌法，将蛋白和蛋黄分开来搅拌，然后再混合在一起的。具体是将蛋黄部分加入除蛋白部分 1/3 的糖和塔塔粉外的其他所有原料，用手抽子搅拌成面糊；再将蛋白、塔塔粉和剩下的糖快速搅打成鸡尾状；然后取 1/3 的蛋白糊与全部的蛋黄糊拌匀，再倒入剩下的蛋白糊一起搅拌。

（2）装盘

戚风蛋糕的装盘方法与海绵蛋糕相同。

（3）烘烤

戚风蛋糕的烤制温度相对于海绵蛋糕的温度要低一些，烘烤时间在 20～30 分钟。

（4）装饰

蛋糕出炉后，如果是用模具盛装的则要马上脱模，以防收缩；蛋糕卷可以用装饰皮来卷，如虎皮蛋糕。无装饰皮的也可直接在坯子表面撒果仁、糖霜等作为装饰。

3．技术关键

（1）选料时的注意事项

鸡蛋最好选用冰蛋，其次为新鲜鸡蛋，不能选用陈鸡蛋。这是因为冰蛋的蛋白和蛋黄比新鲜鸡蛋更容易分开。另外，若是单独将鲜鸡蛋白放入冰箱中储存 1～2 天后，再取出搅打，会比新鲜蛋白更容易起泡这种起泡能力的改变，其实是由蛋白的 pH 值从 9 降低到 6.0 所致。

糖宜选用细粒（或中粒）白砂糖，因为这在蛋黄糊和蛋白膏中更容易溶化。

油脂宜选用流质油，如色拉油等。这是因为油脂是在蛋黄与白糖搅打均匀后才加的，若使用固体油脂则不易搅打均匀，从而影响蛋糕的质量。

（2）调制蛋白和蛋黄糊时的注意事项

分蛋时蛋白中不能混有蛋黄，搅打蛋白的器具也要洁净，不能沾有油脂。

搅打蛋白膏可分为泡沫状、湿性发泡、硬性发泡和打过头四个阶段。第一阶段，开始搅打蛋白时，蛋白呈黏液状，搅打约 1 分钟后呈泡沫状；第二阶段，加入白糖继续搅打 5 分钟后，蛋白有光泽，呈奶油状，提起打蛋器，见蛋白的尖峰下垂，此为湿性发泡；第三阶段，再搅打 2～3 分钟，提起打蛋器，见蛋白的尖峰挺立不垂，并且光泽较差，此为硬性发泡；第四阶段，若继续搅打，则蛋白会呈一团一团的棉花状，即搅打过头了。蛋白膏搅打到硬性发泡时，具有泡沫细小，色乳白，无光泽，倾入容器时不流动等特征。

（3）混合蛋白糊和蛋黄糊时的注意事项

蛋黄糊和蛋白膏应在短时间内混合均匀，并且拌制动作要轻要快。若拌得太久或太用力，则气泡容易消失，蛋糕糊会渐渐变稀，烤出来的蛋糕体积会缩小。

调制蛋黄糊和搅打蛋白膏应同时进行，及时混匀。任何一种糊放置太久都会影响蛋糕的质量，若蛋黄糊放置太久，则易造成油水分离；而蛋白膏放置太久，则易使气泡消失。

（4）烘烤时的注意事项

烘烤前，模具（或烤盘）不能涂油脂，这是因为戚风蛋糕的面糊必须借助黏附模具壁的力量往上膨胀，有油脂也就失去了黏附力。

蛋糕成熟与否可用手指轻按表面来测试，若表面留有指痕或感觉里面仍柔软浮动，那就是未熟；若感觉有弹性则是熟了。蛋糕出炉后，应立即从烤盘内取出，否则会引起收缩。

蛋糕出炉以后，应反扣在烤架上面放凉，以免表面过于潮湿影响口感。

（三）重油蛋糕

重油蛋糕（Pound Cake），也称面糊类蛋糕、油底蛋糕、磅蛋糕，是用大量的黄油经过搅打再加入鸡蛋和面粉制成的一种面糊类蛋糕。因为不像上述几种蛋糕一样是通过打发的蛋液来增加蛋糕组织的松软，所以重油蛋糕在口感上会比上面几类蛋糕来得实一些，但因为加入了大量的黄油，所以口味非常香醇。

重油蛋糕的主要原料依次为糖、油、面粉，其中油脂的用量较多，并依据其用量来决定是否需要加入或加入多少的化学膨松剂。其主要膨发途径是通过油脂在搅拌过程中结合拌入的空气，而使蛋糕在炉内膨胀。

重油蛋糕的主要品种有牛油戟、提子戟、玛芬蛋糕、哈雷蛋糕、红枣蛋糕等。其产品特点是油香浓郁，结构相对紧密，有一定的弹性。

重油蛋糕面糊的搅拌有以下两种方法。

1．糖油拌和法

（1）特点

制作出的蛋糕体积大、松软。使用糖油拌和法的原理是糖和油在搅拌过程中能充入大量空气，使烤出来的蛋糕体积较大，而组织松软。此类搅拌方法为目前多数烘焙师所用。

（2）搅拌步骤

配方中所有的糖、盐和油脂倒入搅拌缸内用中速搅拌 8～10 分钟，直到所搅拌的糖和油蓬松呈绒毛状，将机器停止转动，把缸底未搅拌均匀的油用刮刀拌匀，再继续搅拌。

蛋分两次或多次慢慢加入第一步已拌发的糖油中，并把缸底未拌匀的原料拌匀，待最后一次加入蛋后应拌至均匀细腻，不可再有颗粒存在。

面粉与发粉拌和过筛，分三次与牛乳（奶粉需先溶于水）交替加入以上混合物内，每次加入时应呈线状慢慢地加入搅拌物的中间。用低速继续将加入的干性原料拌至均匀有光泽，然后将搅拌机停止，将搅拌缸四周及底部未搅到的面糊用刮刀刮匀。继续添加剩余的干性原料和牛乳，直到全部原料加入并拌至光滑均匀即可，要避免搅拌太久。

2．面粉油脂拌和法

（1）特点

组织细密且松软。面粉油脂拌和法的目的和效果与糖油拌和法大致相同，只是经本法拌和的面糊所做成的蛋糕较糖油拌和法所做的更为松软，组织更为细密，但做出来的蛋糕体积没有糖油拌和法做出来的大。注意使用本拌和法时，油脂用量不能少于60%，否则得不到应有的效果。

（2）拌和的程序

发粉与面粉筛匀，与所有的油一起放入搅拌缸内，用桨状拌打器慢速拌打1分钟，改用中速将面粉和油拌和均匀，在搅拌中途需将机器停止，把缸底未能拌到的原料用刮刀刮匀，然后拌至蓬松，需10分钟左右。

将配方中糖和盐加入已打松的面粉和油内，继续用中速搅拌均匀，3分钟左右，无须搅拌过久。

改用慢速将配方内3/4的牛乳慢慢加入使全部面糊拌和均匀后，再改用中速将蛋分两次加入把面糊搅拌匀。

剩余1/4的牛乳最后加入，中速搅拌，直到所有糖的颗粒全部溶解为止。

（四）奶酪蛋糕

乳酪蛋糕（Cheese Cake），又称奶酪蛋糕，是以海绵蛋糕、派皮等为底坯，将加工后的乳酪混合物倒入上面，经过烘烤、装饰而成的制品。

奶酪蛋糕的主要品种有美式乳酪蛋糕、酸奶乳酪蛋糕、重奶酪蛋糕、轻奶酪蛋糕等。其产品特点是做法百变，风味百变，颜色也更加亮丽诱人。

奶酪蛋糕又分为以下几种：

重奶酪蛋糕：即奶酪的分量加得比较多，重奶酪蛋糕的奶酪味很重，所以在制作时会多加入一些果酱来增加口味。

轻奶酪蛋糕：在制作时奶油奶酪加得比较少，同时还会用打发的蛋清来增加蛋糕的松软度，粉类也会加得很少，所以轻奶酪蛋糕吃起来的口感会非常绵软，入口即化。

冻奶酪蛋糕：是一种免烤蛋糕，会在奶酪蛋糕中加入明胶之类的凝固剂，然后放冰箱冷藏至蛋糕凝固，因为不经过烘烤，所以不会加入粉类材料。

（五）慕斯蛋糕

慕斯蛋糕（Mousse Cake），是一种奶冻式的甜点，可以直接吃或做蛋糕夹层。通常是加入奶油与凝固剂来造成浓稠冻状的效果。慕斯（Mousse）是从法语音译过来的。

慕斯蛋糕的主要品种有巧克力慕斯、草莓慕斯、啤酒慕斯、酸奶慕斯等。其产品特点是柔软，入口即化。

二、蛋糕制作实例

（一）海绵蛋糕

1．原料

鸡蛋500克，绵白糖250克，低筋粉250克，色拉油50克，牛奶50克，水25克。

2．制作过程

烤箱预热面火180℃，底火170℃备用。

将鸡蛋打入搅拌桶内，加入白糖，搅拌至泛白的乳沫状。

将低筋粉过筛，轻轻地倒入搅拌桶中，并一次加入色拉油、牛奶和水慢速搅拌均匀成面糊。

将烤盘内铺上烘焙纸，倒入搅好的面糊，用刮板抹平，放入烤箱。

烤制30分钟，待蛋糕完全熟透取出，切块即可。

3．风味特点

色泽金黄，口感松软。

4．技术关键

盛器和搅拌缸内不能有水和油脂，以免影响面糊的打法。

蛋液搅打时间不可过长，以免考好后的蛋糕组织干燥；但也不可搅打时间太短，影响蛋糕的启发。

蛋糕出炉后马上将表面向下翻转过来，放在散热网上冷却，否则会导致蛋糕成品体积缩小。

（二）戚风蛋糕

1．原料

全蛋600克。

蛋黄部分：低筋粉100克，白砂糖70克，色拉油100克，泡打粉4克，奶香粉2克，水20克。

蛋白部分：塔塔粉5克，白砂糖200克。

2．制作过程

将蛋白、蛋黄分开。

蛋黄部分：将白砂糖、色拉油、水放入盆内搅至糖化，加入打散的蛋黄搅匀，再加入一起混合过筛的低筋粉、泡打粉和奶香粉搅匀。

蛋白部分：将蛋白和糖放入桶内以中速搅至气泡，加入塔塔粉快速搅至鸡尾状（即用手指把打发的蛋白勾起时有硬的剑锋，倒置过来不会弯曲）。

混合：取1/3蛋白与蛋黄部分混合搅拌均匀，再把剩余的蛋白部分加入搅拌均匀。

烘烤：烤盘铺纸，倒入面糊抹平。面火和底火都为170℃，时间约25分钟。

成型：蛋糕出炉后倒置放在凉网上，取下蛋糕纸，冷却后根据需要来造型。

3．风味特点

色泽金黄，口感细腻绵软。

4．技术关键

蛋白和蛋黄要完全分开，不能有一点混杂。

蛋白的部分一定要打到鸡尾状，以免影响糕体的启发。

蛋黄部分和蛋白部分混合时应掌握正确的混发方法，使两者快速地混合均匀，时间不宜过长。

（三）贵妃蛋糕卷

1．原料

蛋糕部分：蛋黄 90 克，糖 40 克，泡打粉 2.5 克，低筋面粉 120 克，蛋清 180 克，细糖 77 克，塔塔粉 2.5 克，液态酥油 84 克，橙汁（罐装）67 克，贵妃酱 100 克。

贵妃皮：全蛋 60 克，蛋黄 180 克，玉米粉 10 克，糖 28 克。

2．制作过程

（1）蛋糕部分

将橙汁、液态酥油、糖拌匀。

加入低筋面粉、泡打粉拌匀，最后加入蛋黄拌匀即可，待用。

将蛋清、糖、塔塔粉打至中性发泡，取 1/3 与蛋黄部分先拌匀，最后再与余下的蛋清拌匀即可，装模进炉。

（2）贵妃皮

将全蛋、蛋黄、糖、玉米粉全部温和打发，打至 3 倍量取出刮平。

烤焙温度为上火 190℃，下火 160℃，时间为 25 分钟。

成型：将烤好蛋糕晾凉后撕去烘焙纸，抹上贵妃酱再用蛋糕纸卷起来切块即可。

3．风味特点

蛋糕柔软，蛋香浓郁。

4．技术关键

贵妃皮不宜烤制时间过长，以免影响色泽。

贵妃酱不宜抹的太厚，影响产品美观。

在卷制的过程中，要卷紧卷实。

（四）虎皮蛋糕

1．原料

蛋糕体原料：低筋粉 75 克，香草粉 2 克，鸡蛋 3 个，油 50 克，牛奶 37 克，糖 55 克，盐少许，白醋几滴。

虎皮原料：蛋黄 4 个，玉米淀粉 16 克，糖粉 30 克。

2．制作过程

（1）蛋糕体

将牛奶、糖搅拌均匀后加色拉油拌匀，蛋黄分三次加入搅拌均匀，放入面粉搅拌均匀。

蛋白、醋、盐打至大泡时开始分3次加剩余的55克糖，打至硬性发泡；将1/3蛋白与蛋黄糊拌匀，再将1/3蛋白与蛋黄糊拌匀，然后将蛋黄糊倒进剩余的1/3蛋白里轻拌均匀，将搅好的面糊倒进铺好油纸的烤盘，抹平；底火和面火200℃ 10分钟，转160℃ 23分钟即可。

出炉后倒扣在烤架上放凉，切去四周硬边，然后涂果酱，卷成蛋糕卷待用。

（2）虎皮

全部材料放入打蛋桶里，打至面糊体积稍大变白。

将面糊倒进油纸的平底盘，抹平。

进炉，关下火，只开上火，上层烤3～4分钟即可。

出炉后倒扣在凉网上放凉，去掉四边。

成型：将烤好的蛋糕体，放在虎皮上面，抹上果酱。后用蛋糕纸卷起来定型，切块即可。

风味特点松软可口，花纹漂亮。

3．技术关键

掌握好蛋浆打发程度，否则虎皮花纹不清晰。

烘烤时掌握好炉温，否则底部容易焦煳。

虎皮烤好后散热至28～30℃，才可以操作，这样不容易断裂。

（五）铜锣烧

铜锣烧，又叫黄金饼，因为是由两块像铜锣一样的饼合起来的，故得名铜锣烧。它是一种烤制面皮、内置红豆沙夹心的甜点，也是日本的传统糕点。

铜锣烧的由来有两个说法。第一个由来，铜锣烧相传是日本江户时代，将军武士以军中的铜锣相赠恩人，恩人家贫拿铜锣当平底锅煎烤点心，竟创造出绝世美味。点心形状如铜锣，又以铜锣煎烤而成，故取名为铜锣烧。第二个由来，据说有一天，第一代幕府将军源赖朝的弟弟源义经的心腹大将弁庆受伤，到一户农家疗伤，后来弁庆感恩，把自己随身的军乐器铜锣送给这户人家。不料这个人突发奇想，把铜锣当模型、烤缺拿出来卖。后来几经改良，到江户时代后期，逐渐出现用蛋、面粉、砂糖做外皮，中间夹红豆馅的，类似今天的铜锣烧。

1．原料

低筋粉200克，鸡蛋1个，细砂糖30克，牛奶200克，蜂蜜30克，红豆馅400克。

2．制作过程

把鸡蛋全部放入搅拌桶里，中速搅打至粗泡，分三次加入砂糖，打至变白且完全打发。

加入牛奶与蜂蜜慢速搅拌均匀。

混合面粉与泡打粉，过筛之后加入蛋糊中，用橡皮刀快速拌匀（用左右与上下方向拨拌，不要用画圈式，以免出筋）。

烤盘刷油，将面糊装入裱花袋里，在烤盘上均匀地挤成圆形。

进烤箱，面火170℃、底火170℃烤制约10分钟。

出炉，取下面坯。取一片内部抹上红豆馅，再拿一片盖在上面捏一下即可。

3．风味特点

蜂蜜香气，口感松软。

4．技术关键

蛋液搅打时间不宜过长，以免出现成品组织不细腻的情况。

出炉后一定要立即把烤盘翻扣在案板上，以防制品体积缩小。

（六）牛油蛋糕

1．原料

黄油1000克，白砂糖1000克，鸡蛋1200克，面粉1400克，牛奶240克，泡打粉10克，奶香粉适量。

2．制作过程

黄油、白砂糖放入搅拌机内，搅拌膨松，将鸡蛋分次加入搅拌，直至膨松细腻为止。

泡打粉、面粉、奶香粉过筛后放入轻轻搅拌均匀，再放入牛奶搅拌均匀。

将搅打好的面糊装入裱花袋，挤入纸杯八分满，放入烤盘。

烤箱面火180℃，底火170℃，烤制约20分钟，取出即可。

3．风味特点

色泽金黄，口感油润。

4．技术关键

黄油、砂糖搅拌至蓬松状态呈乳黄色，且砂糖需溶化。

分次加入鸡蛋，每次使鸡蛋液与黄油充分融合后再加入下一次。

（七）天使蛋糕

1．原料

蛋白160克，白砂糖100克，低筋面粉50克，玉米淀粉15克，柠檬汁（或白醋）2克，盐1克，朗姆酒5毫升，黄油少许。

2．制作过程

烤箱预热180℃，将低筋面粉和玉米淀粉混合均匀后过筛。

蛋白加盐和柠檬汁（或白醋）中速搅打出大泡后，分次加入白砂糖打成湿性发泡（即用刮刀挑起糖蛋白，糖蛋白呈倒三角状但不滴落），再加入朗姆酒打均匀。

将过筛好的面粉放入蛋白中，搅拌均匀。

将打匀的蛋白糊一勺勺舀进模具，抹平，掂一掂蛋白糊和模具服帖，再放入已预热的烤箱下部，烘烤20分钟，用牙签插入没有沾到蛋糕液即可。

将模具取出后倒扣，待放凉后再将蛋糕脱模；食用前，均匀地撒上糖粉。

3．风味特点

口感松软，湿润爽口。

4．技术关键

盛装蛋白和搅拌桶里不能有水和油，以免影响蛋清的起泡。

蛋白要搅打到湿性发泡（即用刮刀挑起蛋白，呈倒三角状但不滴落的鸡尾状）。

掌握好烤制时间，烤制时间过长会影响产品色泽美观。

（八）轻乳酪蛋糕

1．原料

鲜奶 80 克，奶油奶酪 133 克，淡奶奶油 40 克，白砂糖 67 克，玉米淀粉 15 克，低筋面粉 15 克，蛋黄 4 个，蛋清 3 个，柠檬汁（或白醋）几滴。

2．制作过程

（1）准备工作

准备材料，粉类过筛，鸡蛋分好蛋清、蛋黄。

8 寸圆模，内垫油纸，外圈锡纸，备用。

牛奶、鲜奶油、奶油奶酪混合入大碗，隔热水融化，把奶油奶酪用勺子压碎搅至无颗粒，用手动打蛋器画“十”字帮助拌匀。

（2）奶酪蛋黄糊

奶酪糊稍放凉后，将 4 个蛋黄分次加入，搅匀一个再加另一个，充分拌匀。

加入过筛的粉类，用橡皮铲由下向上翻动，然后左手转盆，右手用打蛋器画“十”。

（3）打发蛋白

蛋清加几滴柠檬汁，打出粗泡后。

分次加入细砂糖打至蛋白呈湿性泡发，蛋白尖端下垂有弯钩的样子。

（4）混合奶酪糊、蛋白糊、烘烤、刷果酱

分次将蛋白糊加入奶酪蛋黄糊里，小心翻拌均匀后，倒入圆模。

烤盘注入温水，水量为烤盘高度 2/3 左右，把圆模放入烤盘里，放入已经预热完毕的烤箱，175℃炉温烤制约 60 分钟，途中蛋糕表皮上色后加盖锡纸，温度降至 150℃。

趁热小心脱模，表面刷一层果酱，隔热水化开，切块，稍凉放入冰箱冷藏几小时后食用。

3．风味特点

口感细腻，具有浓郁的奶酪香味。

4．技术关键

搅拌蛋白时细砂糖一定要分次加入，搅拌至湿性发泡即可。

加入蛋白芝士糊应较凉些，不能太烫。

（九）红枣蛋糕

1．原料

黄油 50 克，白糖 20 克，红糖 20 克，鸡蛋 2 个，无核小枣 100 克，低筋 100 克，牛奶 150 毫升。

2．制作过程

无核小枣加牛奶提前泡一会儿至软，放入搅拌机搅碎。

黄油室温放软，切小粒，加红糖白糖稍微打发。

放入鸡蛋继续打匀，放入搅碎的枣，加剩余的牛奶拌匀。

放入低筋粉，继续切拌，不要画圈，以免起筋。

盛入小纸杯里即可。

烤箱预热 160℃，小纸杯 20 分钟，大纸杯 40～50 分钟。

3．风味特点

口感酥香，枣香浓郁。

4．技术关键

红枣必须提前泡软再搅碎。

烤制的温度不宜太高。

（十）千层蛋糕

1．原料

A．全蛋 545 克，细砂糖 272 克，蜂蜜 68 克，盐 3 克；

B．低筋面粉 245 克，玉米粉 27 克，牛奶 177 克，沙拉油 163 克；

C．奶油适量。

2．制作过程

（1）原料 A 放入搅拌缸中，高速拌打至蛋液体积变大、颜色变白、有明显纹路，再转至中速拌打至橡皮刮刀拉起发泡，发泡的蛋液 2～3 秒滴落 1 滴。

（2）原料 B 过筛 2 次，加入过程（1）的搅拌缸中拌匀成面糊。

（3）原料 C 混合，取少许过程（2）的面糊加入拌匀，使其浓稠度相近，再倒入剩余的过程（2）的面糊中拌匀。

（4）将过程（3）的面糊平均分为 6 份；烤盘铺上白纸，备用。

（5）取 1 份过程（4）中制成的面糊倒入烤盘，以抹刀抹平面糊，放入烤箱以上火 200℃，下火 150℃烤至蛋糕表面上色，8～10 分钟。

（6）打开烤箱拉出烤盘，重复过程（5）的做法至面糊用完，直到最后一层面糊烤熟。

3．产品特点

造型美观、口感松香。

4．技术关键

面糊装盘时应尽量抹平，以免烤好的蛋糕薄厚不均匀。

蛋糕坯要分层次烘烤，第二次、第三次要隔水烤或关闭底火。

第二节　面包制作工艺

一、概述

面包（Bread）是一种用五谷（一般是麦类）磨粉制作并加热而制成的食品。以小麦粉为主要原料，以酵母、鸡蛋、油脂、果仁等为辅料，加水调制成面团，经过发酵、整形、成型、焙烤、冷却等过程加工而成的焙烤食品。

（一）面包的起源和发展

面包是一种把面粉、水和其他辅助原料等调匀，发酵后烤制而成的食品。早在 1 万多年前，西亚一带的古代民族就已种植小麦和大麦。那时他们利用石板将谷物碾压成粉，与水调和后在烧热的石板上烘烤，这就是面包的起源。但它当时还是未发酵的“死面”，也许叫作“烤饼”更为合适。与此同时，北美的古代印第安人也用橡实和某些植物的籽实磨粉制作“烤饼”。公元前 3000 年前后，古埃及人最先掌握了制作发酵面包的技术。最初的发酵方法可能是偶然发现的，和好的面团在温暖处放久了，受到空气中酵母菌的侵入，导致发酵、膨胀、变酸，再经烤制便得到了远比“烤饼”松软的一种新面食，这便是世界上最早的面包。古埃及的面包师最初是用酸面团发酵，后来改进为使用经过培养的酵母。现今发现的世界上最早的面包坊诞生于公元前 2500 多年前的古埃及。大约在公元前 13 世纪，摩西带领希伯来人大迁徙，将面包制作技术带出了埃及。至今，在犹太人的逾越节时，仍制作一种那里叫作“马佐（Matzo）”的膨胀饼状面包，以纪念犹太人从埃及出走。公元 2 世纪末，罗马的面包师行会统一了制作面包的技术和酵母菌种。他们经过实践比较，选用酿酒的酵母液作为标准酵母。在古代漫长的岁月里，白面包是上层权贵们的奢侈品，普通大众只能以裸麦制作的黑面包为食。直到 19 世纪，面粉加工机械得到很大发展，小麦品种也得到改良，面包才变得软滑洁白了。今天的面包大多数是由工厂的自动化生产线生产的。由于在面粉的精加工研磨过程中维生素损失较多，所以美国等国家在生产面包时经常添加维生素、矿物质等。另外，近年来不少人认为保留热皮和麦芽对健康更有好处，因此粗面包又再度流行。

（二）面包的分类

面包是发酵烘焙食品，是以面粉、酵母、盐和水为基本原料，添加适量糖、油脂、乳品、蛋、果料、添加剂等，经过搅拌发酵成型、醒发烘焙等工艺而制成的组织松软富有弹性的制品。面包的分类方法较多，主要有以下几类。

1．按味道分类

面包按味道可以分为：甜面包和咸面包。

甜面包，是指配方中含有高量糖及其他高成分材料（如蛋、油脂等），产品具有口感香甜、组织柔软、富有弹性等特点的面包。

甜面包一般分美式、欧式、日式等，一般甜面包面团中糖含量在18%～20%，油脂通常为4%～8%，分直接法、中种法操作，根据店内硬件要求可选用冷藏面团操作。可为顾客及时供应热面包。

在亚洲，烘焙市场上流通的甜面包特点较为接近，这些地区对甜面包不仅有极高的鲜度要求，而且要求要有漂亮的外形、丰富的内馅以营造出产品的卖点，提升产品商业价值。

在欧美国家，甜面包多作为休息或早餐时的点心食用，但做法不及亚洲地区精致。目前，在烘焙市场流行的日式甜面包通常除口味追求丰富多样外，在造型、外观上更为注重，并提倡以手工操作为主。它们在馅料搭配方面迎合当地消费者需求、结合当地原料素材，灵活多变，已发展成面包中的一个重要品种。而欧美（如美国）地区的甜面包，为节省人工开支和配合量产，操作方式基本以半人工、半机械为主，在外形等方面远不如亚洲下功夫，这应是东西方综合文化差异所致。

在国内，甜面包仍是面包店主打产品之一。历经了国内“拓荒者”福建、广东派所谓各式面包引进后，现烤甜面包仍是国内面包的主流。如今，红火于上海等地的现烤面包店内，令顾客排起长队等待购买的仍是甜面包。

咸面包，此类面包中糖、油、蛋和其他辅料较少，以主食面包较多，例如咸方包、碱包、咸餐包等。

2．按质地分类

面包根据质地可分为：软式面包，硬式面包，起酥面包。

软式面包，以日本、美国、东南亚为代表。这种面包讲求式样漂亮、组织细腻，以糖、油或蛋为主要配方，多采用平盘烤箱烘烤，以便达到香酥松软的效果。软式面包以日本制作的最为典型。面包的刀工、造型与颜色，均十分讲究，尤以内馅香甜，外皮酥软滑口，更是吸引人。至于美国，则是重奶油与高糖。

硬式面包（欧式面包）以德、英、法、意等欧洲各国及亚洲的新加坡、越南等国为代表。欧洲人把面包当主食，偏爱充满咬劲的“硬面包”。硬式面包的配方简单，着重烘焙制程控制，表皮松脆芳香，内部柔软又具韧性，一股浓郁的麦香，越嚼越有味道。硬式面包最普遍有德国面包、法国面包、英式面包、意大利面包等多种。欧式面包采用旋转烤箱，因此于烘焙初段时可喷蒸汽，可使面包内部保水率增加，又能防止面包表面干硬。

起酥面包，又称丹麦面包。口感酥软、层次分明、奶香味浓、面包质地松软。这种面包的发源地是维也纳，所以在其他产地，人们称之为维也纳面包。一般认为像现在这种掺入油脂类型的丹麦面包的普及同牛角包的普及是同一时期，即 1900 年。丹麦面包的加工工艺复杂，将经过搅拌和 3 小时以上低温发酵后的面团滚压成厚约 3 厘米的面片，再进入折叠工序，使包入面团中的油脂经过该工序产生很多层次，面皮和油脂互相隔离不混淆。出炉后表面刷油，冷却后撒上糖粉或者果酱来装饰。因为制作时间长，这类面包的款式相对较少，常见的有牛角包、果酱酥皮包。这种面包多同吉士酱、水果等组合起来烘烤，是点心类的一种面包。根据配料和折叠进去的油脂的多少，分为各种类型。其名字同产地相同的有丹麦的丹麦面包和德国的哥本哈根包，属于面坯配料简单、折叠配入油脂量多的类型。面坯配料丰富的有法国的奶油鸡蛋面包和美国类型的丹麦面包等。另外，属于中间类型的还有德国的丹麦面包和法国的奶油热狗面包等。面包中热量最高的是丹麦面包，它的特点是加入 20%～30%的奶油或起酥油，因为饱和脂肪和热量实在太多，而且可能含有对心血管健康非常不利的反式脂肪酸，要尽量少吃这种面包。

3．按地域分类

面包按地域可分为以下几类。

法式：以棍式面包为主，皮脆心软。

意式：样式多，橄榄形、棒形、半球形等。

德式：以黑麦粉为主要原料，多采用一次发酵法，面包酸度较大。以椒盐“8”字面包闻名。

俄式：大列巴，形状大而圆或梭子形，表皮硬而脆。

英式：多采用一次发酵法，发酵程度小。以复活节十字面包和香蕉面包闻名。

美式：以长方形白面包为主，松软、弹性足。

二、面包生产工艺

（一）搅拌

面团搅拌俗称调粉、和面，是将原辅料按照配方用量，根据一定的投料顺序，调制成具有适宜加工性能面团的操作过程。它是影响面包质量的决定性因素之一。

1．面包搅拌过程

根据面包团搅拌过程中面团的物理性质变化，将面团搅拌分为六个阶段。

（1）原料混合阶段

原料混合阶段又称初始阶段、拾起阶段。在这个阶段，配方中的干性原料与湿性原料混合，形成粗糙且湿润的面块。用手触摸面团时有些地方较湿润，有些地方较干燥，这是搅拌和水化不匀造成的。水化作用仅发生在表面，面筋没有形成。此时的面团无弹性、延伸性，表面不整齐，易散落。通常在这一阶段要求搅拌机以低速转动，使原辅材料逐渐分散，混合起来。在面团产生黏性之前，将原辅料充分分散、混合对面团搅拌是极其重要的。如果搅拌初始阶段搅拌机的转速太快，原辅材料未能充分分散，面粉就和水结合生成面筋，而致使与其他成分混合不匀。因此几乎所有面团最少都要低速搅拌 3 分钟。

（2）面筋形成阶段

面筋形成阶段又称卷起阶段。此阶段配方中的水分已经全部被面粉等干性原料均匀吸收，水化作用大致结束，一部分蛋白质形成面筋，使面团成为一个整体，并附在搅拌钩上，随着搅拌轴的转动而转动。搅拌缸的缸壁和缸底已不再黏附着面团而变得干净。用手触摸面团时仍会黏手，表面湿润，用手拉面团时无良好的延伸性，容易断裂，面团较硬且缺乏弹性。

（3）面筋扩展阶段

面筋扩展阶段，面团性质逐渐有所改变，随着搅拌钩的交替推拉，面团不像先前那么坚硬，有少许松弛，面团表面趋于干燥，且较为光滑和有光泽。用手触摸面团已具有弹性并较柔软，黏性减小，有一定延伸性，但用手拉取面团时仍易断。

（4）面筋完全扩展阶段

面筋完全扩展阶段又称搅拌完成阶段、面团完成阶段。此时面团内的面筋已充分扩展，具有良好的延伸性，面团干燥、柔软且不黏手。面团随搅拌钩的转动又会黏附在缸壁，但当搅拌钩离开时又会随钩而离开缸壁，并不时发出“噼啪”的打击声和“嘶嘶”的粘缸声。这时面团表面干燥而有光泽，细腻整洁无粗糙感。用手拉取面团时有良好的弹性和延伸性，面团柔软。面筋完全扩展阶段是大多数面包产品面团搅拌结束的适当阶段。对面团来说，此时的变化是十分迅速的，仅数十秒的时间就可以使面团从弹性强韧、黏性和延伸性较小的状态迅速转入弹性减弱、略有黏性、延伸性大增的状态。所以确切地把握住这一变化是制作优良面包的关键。判断面团是否搅拌到了适当程度，除了用感官凭经验来确定外，目前还没有更好的方法。一般来说，搅拌到适当程度的面团，可用双手将其拉展成一张像玻璃纸一样的薄膜，整个薄膜分布很平均，光滑无粗糙，没有不整齐的痕迹。同时，用手触摸面团表面感觉有黏性，但离开面团不会黏手，面团表面有手黏附的痕迹，但又很快消失。

（5）搅拌过渡阶段

搅拌过渡阶段又称衰落阶段。当面团搅拌到完成阶段后仍继续搅拌，面团开始黏附在缸壁而不随搅拌钩的转动离开。此时停止搅拌，可看到面团向缸的四周流动，面团明显地变得柔软及弹性不足，黏性和延伸性过大。在延展面团时，缺乏抗延伸力，拉成薄膜后，产生流散状的下垂现象。如将面团搓成小球状，置于玻璃板上，将迅速出现下坠现象，使黏着于板面上的面团直径迅速扩大，表现出较大的流散性。过度的机械作用使面筋超过了搅拌耐度，面筋开始断裂，面筋胶团中吸收的水分溢出。搅拌到这个程度的面团，将严重影响面包成品的质量。但不是处于搅拌过渡阶段的面团就不再可能制成优质的面包。对付过强韧的面粉，用过度搅拌的手段还是有其作用，只要相应地延长静置时间，就可制出正常的产品。

（6）破坏阶段

越过衰落阶段，若继续搅拌，就会使面团结构破坏。面团呈灰暗并失去光泽，逐渐成为半透明并带有流动性的半固体，表面很湿，非常黏手，完全丧失弹性。当停机后，面团很快流向缸的四周，搅拌钩已无法再将面团卷起。由于面筋遭到强烈破坏，面筋断裂，面团中已洗不出面筋，用手拉取面团时，手掌中有一丝丝的线状透明胶质。搅拌到这个程度的面团，已不能用于面包制作。应当说明，面团经历的各个阶段之间并无十分明显的界限，要分辨不同品种掌握适宜的程度，这需要有足够的经验，才能做到应用自如。

2．搅拌的功能

搅拌的功能有以下几点。

使各原辅料充分分散和均匀混合在一起，形成质量均一的整体。

加速面粉吸水胀润形成面筋的速度，缩短面团形成时间。

扩展面筋，促进面筋网络的形成，使面团具有良好的弹性和延伸性，改善面团的加工性能。

使空气进入面团中，尽可能地包含在面团内，并且尽量达到均匀分布的目的。

使面团达到一定的吸水程度、pH 值、温度，提供适宜的养分供酵母利用，使酵母能够最大限度地发挥产气能力。

3．搅拌不当对面包的影响

（1）搅拌不足

面团若搅拌不足，面筋未达到充分扩展，没有良好的弹性和延伸性，不能保持发酵时产生的二氧化碳气体，面包体积小，易收缩变形，内部组织粗糙，颗粒较大，颜色呈黄褐色，结构不均匀。面团表面较湿、发黏、硬度大，不利于整形和操作，面团表面易撕裂，使面包外观不规整。

（2）搅拌过度

面团搅拌过度，则表面过于湿黏，过于软化，弹性差，极不利于整形操作。面团搓圆后无法挺立，向四周摊流，持气性差。烤出的面包扁平，体积小，内部组织粗糙、孔洞多、颗粒多，品质差。

（二）发酵

1．发酵方法

发酵适度的面团称为成熟面团；未成熟的面团称为嫩面团；发酵过度的面团称

为老面团。

面团发酵成熟度对面包品质影响很大。用成熟适度的面团制得的面包，体积大，皮薄有光泽，内部组织均匀，蜂窝壁薄呈半透明，有酒香和酯香味，口感松软，富有弹性。用成熟不足的嫩面团制得的面包，体积小，皮色深，组织粗糙，香味淡薄。用成熟过度的面团制得的面包，皮色浅，有皱纹，无光泽，蜂窝壁薄，有大气孔，有酸味和不正常的气味。

因此，准确判断面团的适宜成熟度，是发酵面团管理中的重要环节。判断面团成熟度的方法很多，常用的方法有以下几种：回落法、手触法、拉丝法、表面气孔法、嗅觉法、pH 值法。

2．发酵的温度和湿度

一般理想的发酵温度是 27℃，相对湿度 75%。温度太低，因酵母活性较弱而减慢发酵速度，延长了发酵所需时间；温度过高，则发酵速度过快，且易引起其他不良影响。湿度低于 70%，面团表面由于水分蒸发过多而结皮，不但影响发酵，而且影响成品质量不均匀。适用于面团的相对湿度，应等于或高于面团的实际含水量，即面粉本身的含水量（14%）加上搅拌时加入的水量（60%）。面团发酵后，温度会升高。大约每发酵 1 小时，面团温度增高 1.1℃。因此，不同发酵方法要求面团的起始温度有所不同。

3．发酵时间

面团发酵的时间不能一概而论，而要按所用的原料性质、酵母用量、糖用量、搅拌情况、发酵温度及湿度、产品种类、制作工艺（手工或机械）等因素来确定。通常情形是在正常环境条件下，鲜酵母用量为 3%（即发干酵母用量 1%）的中种面团，经 3～4 小时即可完成发酵。或者观察面团的体积，当发酵至原来体积的 4～5 倍时即可认为发酵完成。

4．翻面

翻面是指面团发酵到一定时间后，用手拍击发酵中的面团，或将四周面团提向中间，使一部分二氧化碳气体放出，缩减面团体积。翻面这道工序只是一次发酵法才需要的。

5．发酵的判断

面团的醒发程度主要根据经验来判别，常用的有三种方法。

（1）以成品体积为标准，观察生坯膨胀体积

可根据日常生产中积累的经验，预选设定面包的标准体积或高度，观察面团体积膨胀到面团成品体积的 80%时，即可停止醒发，另 20%的膨胀在烤炉内完成。如果面包坯的烘焙弹性较好，只需要达到 60%～75%就可以取出烘烤；而烘焙弹性差的面包坯要发到 85%～90%才算适度。

（2）以面包坯整形体积为标准，观察生坯膨胀倍数

如果烘烤后面包体积不能预先确定，以整形时的体积为标准。当生坯的膨胀度达到原来体积的3～4倍时，可认为是理想程度。

（3）以观察透明度和触感为标准

前两种方法都是以量为标准，这一种是以质量为标准的检验方法。当面包坯随着物发体积的增大，也向四周扩展，由不透明“发死”状态，膨胀到柔软、膜薄的半透明状态，用手触摸时，有越来越轻的感觉，用手指轻轻按压面包坯，被压扁的表面保持压痕，指印不回弹、不下落，即可结束醒发。如果手指按压后，面包坯破裂、塌陷，即醒发过度；如果按下后的指印很快弹回，即表明醒发不足。

（三）整形

把发酵好的面团做成一定形状面包坯的过程叫作整形。整形包括分割、搓圆、中间醒发、造型、装盘或装模等工序。

一个品质良好的面包，除了要有适当的搅拌及发酵为基本条件，美观的外形也是一个完美面包所必须拥有的。整形过程中不仅要在造型上力求精致美观，同时还要在整个造型过程中做到快速仔细。因为面团完成了基本发酵，其发酵作用并未停止而在继续进行着，不会因整形而减缓，反而有所加快。为了使每个面包坯在整形步骤中的发酵程度能够一致，彼此间性质的差异减至最低，整形过程的每个动作都应在最短时间内完成，才能有效地控制面包品质。若操作时间过长，面团发酵过度导致面团老化，影响面团性质，严重时，面包的品质受损，使做出的面包前后品质差异很大。因此，时间控制是面团整形操作过程中最重要的工作。

1. 分割

分割是通过称量把大面团分切成所需重量小面团的过程。分割有手工分割和机械分割两种。手工分割是将大面团搓成（或切成）适当大小的条状，再按重量分切成小面团。手工分割比机械分割更不易损伤面筋，尤其是筋力弱的面粉，用手工分割比机械分割更适宜。机械分割是按照体积来分切而使面团变成一定重量的小面团，不是直接称量分割得到的。

2. 滚圆

搓圆又称滚圆，是把分割得到的一定重量的面团，通过手工或特殊的机器（搓圆机）搓成圆形。分割后的面团不能立即进行造型，而要进行搓圆，其作用有以下几方面。

使分割后不整齐的小面块变成完整的球形，为下一步的造型工序打好基础。

分割后的面团，受切割处黏性较大，经搓圆形成的完整光滑表皮将切口覆盖，有利于造型操作的顺利进行。

恢复被分割破坏的面筋网状结构。

排出部分二氧化碳，便于酵母的繁殖和发酵。

搓圆分为手工搓圆和机械搓圆。手工搓圆的要领是用五指握住面团，用掌根向前推，然后四指并拢，指尖向内弯曲，轻微地向左右移动（左手向左，右手向右），使手掌内的面团稍有转动，重复前面的动作，使面团自然滚成圆形球状，当面团呈现光滑而结实后停止。面团内部会因此丧失少许气体，面团体积缩小。机械搓圆是由搓圆机完成的。

3．造型、包馅和装盘

面团经过造型之后，面包的花样和雏形都已固定，即可将已成型的面团放入烤盘和模具中，准备进入醒发室醒发。

面团装盘或装模时，先要对烤皿要进行清洁、涂油、预冷等预处理，还要考虑面团摆放的距离及数量，装模面团的重量大小等。

装盘与装模是面团放入烤盘或模具中的一个过程。面团装盘或装模后，还要经过最后物发，因面团的体积会再度膨胀，为防止面团彼此粘连，所以面团装盘时必须注意适当的间隔距离和排放方式，装模的面团要注意面团的重量和模具容积的关系。

面团装盘时其间距要合理，摆放要均匀，四周靠边沿部位应留出边距 3 厘米。如果间距太大，烤盘裸露面积多，烘烤时面包上色快，容易烤烂；如果间距太小，胀发后面包坯易粘连在一块，造成面包变形，着色慢，不易熟。

另外需要注意的是，不同性质或不同重量大小的面团，不能放在同一个烤盘内烘烤，因为它们对烘烤的炉温及时间要求可能完全不同。

（四）醒发

醒发也称最后醒发（Final Proof），是指把成型后的面包坯再经最后一次发酵，使其达到应有的体积与形状。

（五）烘烤

烘烤即烘焙、焙烤，是面包变为成品的最后一道工序，也是关键的一道工序。在烤炉内热的作用下，生的面团变成松软、多孔、易于消化和味道芳香的诱人食品。

整个烘焙过程中，包括了许多复杂作用。在这个过程中，直至饥发展阶段仍在不断进行的生物活动被终止，微生物及酶被破坏，不稳定的胶体变成凝固物体，淀粉、蛋白质的性质也由于高温而发生凝固变性。与此同时，焦糖、焦糊精、类黑色素及其他使面包产生特有香味的化合物如獄基化合物等物质生成。所以，面包的烘焙是综合了物理、生物化学、微生物学等反应的变化结果。

（六）面包的生产方法

面包的生产制作方法有很多，采用哪种方法主要应根据设备、场地、原材料的情况甚至顾客的口味要求等因素来决定。所谓生产方法不同是指发酵工序以前各工序的不同，从整形工序以后都是大同小异的。目前世界各国普遍使用的基本方法共有五种，即一次发酵法、二次发酵法、快速法、基本中种面团发酵法、连续发酵法，其中一次发酵法和二次发酵法是最基本的生产方法。

1．一次发酵法

一次发酵法又称为直接发酵法（Straight Dough Method），就是采用一次性搅拌和一次性发酵的方法。这种方法的使用最为普遍，无论是较大规模生产的工厂或面包作坊都可采用一次发酵法生产各种面包。

（1）次发酵法的特点

缩短了生产时间，提高了劳动效率，生产周期为5～6小时。

发酵时间较二次发酵法短，减少了面团的发酵损耗。

只需一次搅拌和一次发酵，减少了对机械设备、劳动力和车间面积的占用。

具有良好的搅拌耐力。

具有良好的发酵风味。

由于发酵时间短，面包体积比二次发酵法要小，并且容易老化。

发酵耐力差，醒发和烘焙时后劲小。

一旦搅拌和发酵出现失误，没有纠正机会。

（2）一次发酵法工艺

搅拌：一次发酵法的搅拌时间一般为15～20分钟，搅拌后面团温度应为26℃。这样的面团在发酵过程中每小时平均升高1.1℃左右，经过约3小时的发酵，面团内部温度不会超过30℃，即使经过整形等工序后，面团内部也不会超过32℃，这样就可以避免产生酸菌的大量繁殖，保证没有不正常的酸味。

发酵：搅拌后的面团应进入基本发酵室使面团发酵。理想发酵室的温度应为28℃，相对湿度75%～80%，盖发酵缸或槽的材料宜选择塑料或金属，不宜用布。这是因为如果布太干，则会吸去面团的水分，太湿则易引起面团表面凝结成一层薄膜。

翻面：翻面后的面团，需要重新发酵一段时间，称之为延续发酵。此两段发酵的时间长短，依面粉性质、配方情况等而定。

（3）不翻面的一次发酵法

该方法与普通的一次发酵法基本相同，仅在发酵过程中不需要翻面处理。此方法适用于筋度较低的面粉，一般面粉蛋白质含量在10%～11.5%，或面筋质在30%～35%的较合适，而正常的一次发酵法的反面处理适用于蛋白质含量在12.5%以上筋性较大的面粉。采用不翻面的一次发酵法时，配方中的水量要减少2%左右，搅拌时间也稍短，必须把面筋打至完成阶段，发酵时间3小时，待发酵中的面团顶部有自动回落的现象，及表示发酵成熟，可以进入整形工序。

2．二次发酵法

二次发酵法又称中种发酵法或间接发酵法，即采用两次搅拌、两次发酵的方法。第一次搅拌的面团称为中种面团或种子面团。中种面团的发酵即第一次发酵称为基础发酵；第二次搅拌的面团称为主面团，主面团的发酵即第二次发酵称为延续发酵。

（1）二次发酵法的特点

在中种面团发酵过程中，面团内的酵母有充足的时间进行繁殖，所以配方中的酵母用量较一次发酵法节省20%左右。

用二次发酵法生产的面包，一般体积比一次发酵法的要大，而且面包内部结构与组织均较细密和柔软，发酵风味浓，香味足，发酵耐力好，后劲大，面包不易老化，储存保鲜期长。

一次发酵法的工作时间固定，面团发好后须马上分割整形，不可稍有耽搁，但是二次发酵法发酵时间弹性较大，第一次搅拌发酵不理想时或发酵后的面团如遇其他事故不能立即操作时，可在第二次搅拌和发酵时补救处理。

二次发酵法需要较多的劳力来做二次搅拌和发酵工作，需要较多和较大的发酵设备和场地，投资较大。

二次发酵法的搅拌耐力差，发酵损耗大。

（2）二次发酵法工艺

普通二次发酵法工艺，其可分为以下两个步骤。

中种面团搅拌与基础发酵：将中种面团配方中的原料全部放入搅拌缸中，慢速搅拌 2 分钟，中速搅拌 2 分钟，搅拌至面筋形成阶段即可。中种面团的搅拌时间不必太长，也不需要面筋充分形成，其主要目的是扩大酵母的生长繁殖，增加主面团和醒发的发酵潜力。中种面团通常不加盐，使面团发酵很充分。搅拌后面团温度 24～26℃。将搅拌后的中种面团放入醒发室发酵 4～6 小时。醒发室温度 26℃，相对湿度 75%～80%。观察中种面团是否发酵完成，可由面团的膨胀的膨胀情况和手拉扯面团的筋性等来决定。面团发酵成熟的判断方法参照发酵工艺部分。

发好的面团体积为原来的 4～5 倍，面团表面干爽，面团内部有规则的网状结构，并有浓郁的酒香。完成发酵后的面团顶部与缸侧齐平，甚至中央部分稍微下陷。用手拉扯面团，如果轻轻拉起时很容易断裂，表示面团完全软化，发酵已完成；如果拉扯时仍有伸展的弹性，则表示面筋尚未完全成熟，还需继续发酵。

主面团的搅拌和延续发酵：将主面团配方中的水、糖、蛋、盐、添加剂放入搅拌缸中搅拌均匀，然后放入发酵好的中种面团搅匀，再加入面粉、奶粉搅拌至面筋形成，加入油脂搅拌至面团完成阶段。搅拌时间为 12～15 分钟。

主面团搅拌后进行延续发酵，其主要作用是缓解刚搅拌好的面团面筋的韧性，使面团得到充分松弛，便于整形操作。主面团延续发酵的时间必须根据中种面团和主面团面粉的使用比例来决定，原则上比例为 85∶15（中种面团 85%，主面团 15%）需延续发酵 15 分钟，75∶25 的则需 25 分钟，60∶40 的需 40 分钟。面团经过延续发酵后即可进行分割整形。

100%中种面团发酵法：将配方中的面粉全部加入中种面团部分的二次发酵法称为100%中种面团发酵法。用此方法制得的面包具有良好的柔软度和风味，香味充足。

3．快速发酵法

快速发酵法，是在极短的时间内完成发酵甚至没有发酵的面包加工方法。整个生产周期只需 2～3 小时。这种工艺方法是在欧美等国家发展起来的，通常是在特殊情况或应急情况下需紧急提供大量面包时才采用的面包加工方法。

（1）快速发酵法的特点

生产周期短，效率高，产量高。

节省设备、劳力和场地，降低能耗和维修成本。

发酵损耗很少，提高了出品率。

面包发酵风味差，香气不足。

面包老化快，储存期短，不易保鲜。

不适宜生产主食面包，较适宜生产高档的点心面包。

需使用较多的酵母、改良剂和保鲜剂，并且用料较多、较高，故成本大，价格高。

（2）快速发酵法工艺

根据快速发酵法原理，可以将不同的面包发酵方法改变为快速发酵，以适应某些特殊情况的需要。

普通一次发酵改为快速一次发酵法。

①配方应做的调整

A．将配方中的水量照正常法减去 1%。

B．酵母用量较正常法增加 1 倍。

C．配方中糖量减少 1%。

D．面包改良剂与麦芽粉可酌量增加，但不超过正常的 1 倍。

E．下列原料可照实际情况增减，但非必须。

盐：可略减少。

奶粉：可减少 1%～2%。

醋酸：可使用 1%～2%，促进面筋软化。

②搅拌阶段应注意事项

A．搅拌后面团温度为 30～32℃，加速发酵。

B．搅拌时间较正常法延长 20%～25%，搅拌至稍为过头，使面筋软化以利于发酵。

③基本发酵

面团搅拌后应使发酵 15～40 分钟，发酵室温度 30℃，相对湿度 75%～80%。

若是无发酵的快速法，则需加重面团成熟剂的用量，面团不需经过基本发酵。

④最后醒发

应比正常的最后醒发时间缩短 1/4，即 30～40 分钟。

⑤烘焙

烘烤时增加烤炉湿度，有利于增加面包的烘焙急胀。

普通二次发酵改为快速二次发酵法。

①配方应做的调整

A．中种面团和主面团的面粉比例为 80∶20。

B．面团留 10%的水，其余的水全部加在中种面团中。

C．酵母用量增加 1 倍。

D．面包改良剂、盐、奶粉和醋酸的使用与快速一次发酵法相同。

②搅拌阶段应注意事项

A．搅拌后中种面团温度 30～32℃，搅拌均匀即可。

B．面团搅拌后温度也为 30～32℃，搅拌时间较正常法延长 20%～25%，搅拌至稍为过头。

③基本发酵

搅拌后的中种面团应置于搅拌缸内最少发酵 30 分钟，时间长则更理想。发酵室温度 30℃，相对湿度 75%～80%。

④最后醒发

醒发时间应比正常中种法缩短 1/4，30～45 分钟，最后醒发室温度 38℃，相对湿度 80%～85%。

三、面包制作实例

（一）面团

1．直接法

（1）原料

高粉 1000 克，酵母 10 克，面包改良剂 3 克，鸡蛋 120 克，糖 220 克，盐 10 克，奶粉 40 克，牛奶香粉 10 克，水 500～600 克，牛油 100 克。

（2）制作过程

材料入缸：先放水、糖、鸡蛋搅拌，糖融化后加入高粉、酵母、面包改良剂、奶粉、香粉，用低速开始搅拌。

拾起阶段：搅拌至拾起阶段，将速度改成中速（拾起阶段的面团，呈粗糙而无弹性及延展性）。

卷起阶段：继续搅拌至卷起阶段（此时水分全部被面粉吸收，面筋开始成型，以双手拉面团时易断裂，而且无良好的延展性）。

扩展阶段：搅拌至扩展阶段，加入牛油和盐（扩展阶段的面团较为光滑有弹性，但用手拉面团仍然易断裂）。

完成阶段：搅拌至完成阶段（此阶段的面团因面筋已充分扩展，具有良好的伸展性及弹性，以双手拉开面团会呈光滑的薄膜状）。

搅打好的面团让其在温度 28℃、湿度 85%的环境下，醒发约 30 分钟整形即可。

2．中种法

（1）原料

中种面团：高筋面粉 136 克，低筋面粉 34 克，水 85 克，干酵母 4 克，面包改良剂 1 克。

主面团：高筋面粉 34 克，低筋面粉&5 克，水 12.5 克，盐 2 克，糖 38 克，全脂奶粉 12.5 克，全蛋液 21 克，黄油 21 克（黄油需先放置室温至软化）。

（2）制作过程

制作中种面团：拌匀所有材料（无须揉得很光滑，用手揉成一团即可），盖上盖子，放室温 26℃左右的环境中发酵 2～3 个小时，面团拉起来底下有丝的样子。

中种面团发酵完成后，撕成小块，加入主面团材料，用揉面工具揉出筋膜至扩展阶段，再盖上盖子，室温发酵 25 分钟左右至 2 倍大。排气、分割成六等份并分别滚圆，盖上保鲜膜（或湿毛巾）松弛 15 分钟。后擀平卷起来，排放在铺了高温不沾布的烤盘上，置于温暖的地方（38℃左右），加一杯热水增加湿度，最后发酵 40 分钟至 2～3 倍大。

烤箱预热 210℃，发酵好的面包上刷全蛋液，入烤箱中层，温度调为 200℃，烤 15～20 分钟，顶部上色过深可盖锡纸至烤熟。

取出的面包，晾到比较凉，就需要密封包装起来，防止老化。

这个面包本身并不会很甜，咸的或者甜的馅料都很搭配。这是基础的甜面包面团，可以结合不同的整形方式，做出各种各样的面包来。

中种发酵法是以长时间的发酵来寻求更好的面包风味的方法。而且，长时间的发酵，让水和面粉有充分的时间结合，形成面筋，这样揉面也更容易达到扩展完全的阶段。

3．快速法

快速法制作面包所使用的原材料以及制法与直接法相同，不同的是快速法搅打好的面团可以马上整形不用醒发。

（二）甜面包的制作实例

1．小甜包

（1）原料

高筋粉 250 克，蜂蜜 30 克，奶粉 10 克，盐 2.5 克，酵母 2.5 克，水 150 克，黄油 20 克。

（2）制作过程

少许温水加入蜂蜜搅拌均匀放凉备用。

面粉中加入除黄油以外的材料揉成团，加入黄油继续揉至光滑有薄膜至扩展阶段。

放入温暖处发酵到 2 倍大。

分割滚圆成 25 克/个，松弛 20 分钟。

用手搓成圆形。

放入温暖处发酵至 2 倍大，刷上过滤好的蛋液。

烤箱中层，180℃上下火烘烤 18 分钟。

（3）风味特点

色泽金黄，口味甜香。

（4）技术关键

面剂要搓紧、搓实。

掌握好烤制时间。

2．菠萝包

（1）原料

面团材料：高筋面粉 240 克，低筋面粉 60 克，砂糖 40 克，酵母粉 6 克，全蛋液 30 毫升，水 135 毫升，盐 3 克，奶粉 9 克，奶油 45 克。

菠萝皮材料：奶油 80 克，全蛋液 50 毫升，盐 1 克，香草精少许，糖分 50 克，奶粉 5 克，低筋面粉 150 克。

（2）制作过程

面团制作：

面粉中加入除黄油以外的原料搅制成团，加入黄油继续搅至面筋扩展阶段。

面团搅好后，于 28C 左右的环境中发酵 1 小时。

发酵到 2.5 倍大，用手指沾面粉戳一个洞，洞口不会回缩即可。

发酵好面团排气后分割 50 克一个剂量，滚圆放入烤盘，中间发酵 15 分钟。

菠萝皮制作：

取一个大盆并放入回软奶油，搅拌成泥状。

加入过筛后的糖粉搅拌均匀。

加入盐、奶粉搅匀，再滴入香精。

分 3 次加入全蛋液体，然后搅拌均匀。

加入过筛的低筋面粉用橡皮刮拌匀。

在桌上撒上干面粉，取出做好的面团搓成长条，25 克一个剂量。

成型与烘烤：

双手沾少许的高筋面粉，再将菠萝皮放在手上将面条包入，菠萝印在菠萝皮上压出花纹。

包好后放置烤盘中，湿度控制在75%，25℃以上的环境下做最后的发酵40～50分钟。

在发酵好的面包坯刷上一层全蛋液，在室温下放置2分钟后放入预热好的烤箱，170℃烤10分钟，再将温度调至150℃烤5分钟即可。

（3）风味特点

形似菠萝，口感酥香。

（4）技术关键

掌握好面团的搅打的时间。

掌握好面团与菠萝皮的比例，包裹严实。

3．毛毛虫面包

（1）原料

面团原料：高筋粉950克，牛油香10克，低筋粉50克，面包改良剂3克，酵母8克，砂糖200克，食盐10克，奶粉40克，鸡蛋100克，清水500克，牛油100克。

装饰糊料：

A．清水250克，色拉油75克，酥油75克；

B．高筋粉100克，“银谷”即溶吉士粉30克；

C．鸡蛋4个。

（2）制作过程

装饰糊：

将A料煮开，加入B料煮大半熟。

将熟面糊倒入搅拌机中快速搅拌至冷却。

以快速分次慢慢加入C料打匀，再搅拌均匀即可。

面团：

将面粉、改良剂、酵母、砂糖、食盐和奶粉一起放入缸中。

再加入鸡蛋、清水慢速搅拌均匀，至无干粉。

加入油脂先用慢速搅拌1分钟，再用快速搅拌2分钟，再改中速搅拌8～9分钟至面筋充分扩展，然后用慢速再搅拌1分钟完成。

成型：发酵—排气—松弛—整形—醒发—挤上毛毛虫馅料—烘烤。

烘烤：烘烤时间5分钟，温度上火190℃，下火190℃（也可在面包表面划道口，挤上奶油或撒上肉松）。

（3）风味特点

形似毛毛虫，口感香甜。

（4）技术关键

装饰糊要放在冰箱里冷藏备用。

掌握好烤制时间。

4．芝士火腿包

（1）原料

高筋面粉 150 克，鸡蛋 25 克，火腿肠 1 根，牛奶 70 克，盐 1 克，黄油 15 克，酵母 3 克，白糖 10 克，芝麻少许，鸡蛋液少许。

（2）制作过程

所有材料除黄油外搅拌成团后，放入黄油揉至扩展阶段，发酵至 2 倍大，取出。

分成 4 份，取一份擀长，再卷起，醒 5 分钟。

再擀长，上面放入火腿条和奶酪条，再卷起。

从中间切开，一分为二，切面放入纸模中，资 10 分钟。

上面刷鸡蛋液，撒芝麻，烤箱 170℃预热后，第二层 20 分钟成熟。

（3）风味特点

奶香浓郁，口感松软。

（4）技术关键

奶酪条不能长，长了烤的时候会流出来，颜色发黑。

内馅的选择也可以用豆沙，椰蓉等甜馅。

5．甜奶吐司

（1）原料

高筋面粉 340 克，低筋面粉 80 克，鸡蛋 50 克，糖 60 克，盐 5 克，水 220 克，黄油 40 克，酵母 5 克。

（2）制作过程

除黄油以外的材料放入面包机内搅拌成团，加入黄油继续搅拌至光滑有薄膜。

放于容器内盖上保鲜膜置于温暖处基本发酵至 2 倍大。

均匀分割成 3 个面团，滚圆；盖上保鲜膜松弛 15 分钟。

擀成椭圆形，叠三折，再擀成长条状，卷起。

放入模具内盖上土司盖放置温暖处，二次发酵至 8 分满。

在 180℃的烤箱中放置 35～40 分钟烤制成熟，脱模，凉后切片配果酱食用。

（3）风味特点

口感绵软，组织细密。

（4）技术关键

掌握好面团入模以后的发酵时间。

成熟后要及时脱模，以免体积缩小。

6．夏威夷面包

（1）原料

A．汤种面团：即食土豆屑（土豆泥亦可）10 克，水 70 克；

B．高筋面粉 250 克，糖 30 克，盐 5 克，奶粉 20 克，全蛋液 20 克，柠檬汁 10 克，菠萝汁 70 克，面包机酵母 10 克；

C．无盐黄油 18 克。

（2）制作过程

汤种：用一小锅，放土豆屑和水，开火，不断搅拌，煮成糊状，盛起，容器口盖

面团：

将汤种倒入面包搅拌机的碗内，再加材料 B，搅拌材料能成面团。

加放黄油，继续搅拌成延展性面团，揪一大块面团拉开能成一片大膜。

将面团放入容器或留在搅拌机的碗中，盖上薄膜，在温暖环境中发酵 80 分钟进行

第一次发酵；将发酵过的面团揉搓一小会排出气泡，再分成三等份，盖上薄膜，静置 25～30 分钟。

整形：

将面团滚圆，再搓成长条，然后擀成长椭圆状，尽量将两端拉平，宽约小于面包模的宽度。

从一端卷起一支卷至尾，然后捏好收口，在案板上滚至卷的长度与面包模的宽度一致。

卷好后将第一卷横放在模的中间。

做好剩下两卷放两边，叫作先中间后两边。

面包模盖上盖子或用薄膜盖住，放在温暖的环境中发酵至九成满左右，1.5～2 小时，刷上蛋液，放入预热好的烤箱。

温度 180℃烤制大约 30 分钟，成熟后脱模，晾凉食用。

（3）风味特点

口感甜软、细腻。

（4）技术关键

掌握好面团入模以后的发酵时间。

成熟后要及时脱模，以免体积缩小。

7．巧克力面包

（1）原料

高粉 250 克，糖 30 克，盐 1 克，酵母 2.5 克，可可粉 8 克，黄油 20 克，水 100 克，鸡蛋 1 个，杏仁馅适量。

（2）制作过程

除黄油外，所有材料揉成光滑面团，再加入黄油揉成可拉出筋膜的面团，发酵至2倍大，排气后分成等份小面团，滚圆静置10分钟。

取一份面团擀开呈椭圆形，放入杏仁馅，收口揉成圆形。

依次做好盖上保鲜膜第二次发酵25分钟。

刷蛋液，烤箱预热至190℃，烤15～20分钟即好。

（3）风味特点

形态圆整，巧克力风味浓郁。

（4）技术关键

包入馅心后，收口要收紧收严，以防烤制时露馅。

掌握好烤制时间。

8．卡仕达面包

（1）原料

卡仕达馅料：高筋面粉180克，鸡蛋黄3个，牛奶250克，低筋面粉25克，酵母（干）3克，鸡蛋20克，奶酪适量，食盐3克，白糖105克，水70克，黄油30克。

面团原料：高筋粉540克，糖60克，盐9克，干酵母9克，鸡蛋60克，水210克，黄油60克。

（2）制作过程

卡仕达酱：

蛋黄加糖搅匀。

放入低筋粉搅匀。

将煮至微沸的牛奶，慢慢加到面糊中，边加边搅拌。

牛奶全部加完后过筛。

小火加热面糊，边加热边搅拌直到面糊变得浓稠就算完成了。

做好的卡仕达酱盛出放凉备用，吃不完的卡仕达酱可以冷藏，但是尽快吃完为好。

面包体：

除黄油外所有原料放入面包桶中。

搅拌成光滑面团后加黄油继续搅拌至完成。

面团放入盆中放温暖处发酵至2倍大。

手沾面粉在面团中央戳个洞，面团不回缩即发酵完成。

取出面团排气滚圆，松弛15分钟。

松弛过后将面团擀成大的面皮，厚度约3厘米。

面皮均匀抹上卡仕达酱。

撒上牛油酥粒。

面皮由一边小心卷起。

面皮卷成卷，分切成 6 段。

放入 8 寸梅花慕斯圈里（慕斯圈要提前抹上黄油或者包上锡纸），放温暖处最后发酵。

面团发酵将模具填满即可，表面刷蛋液，撒上酥粒，180℃炉温烤 25 分钟。

（3）风味特点

奶香浓郁，形态整齐。

（4）技术关键

制作卡仕达酱的时候火候不能过大，以免出现焦煳现象。

烤制时火候不宜过高。

9．雪山咖啡包

（1）原料

面包皮：高筋面粉 500 克，鸡蛋 1 只，糖 100 克，依士粉（即酵母）4 克，盐 4 克，黄油 30 克，奶油 20 克，水 230 克左右。

雪山皮：面粉 500 克，糖 500 克，风车牌白牛油 500 克（由于其成本较高，可改用无盐黄油，但没有白牛油来得细腻洁白），猪油 500 克，鸡蛋清 4 个。

馅料：速溶咖啡 2 包约 25 克，糖 400 克，玉米淀粉 220 克，奶油 200 克，三花淡奶 240 克，鸡蛋 3 只，水 600 克。

（2）制作过程

面包皮：所有原料加水搅拌，搓至上劲，静置略饧，搓条下剂，擀成皮。

雪山皮：白牛油、糖、猪油和匀，加入蛋清，最后拌入面粉拌匀待用。

馅料：将除水外的其余料过筛后充分拌和均匀，入敞口盛器中；将盛器放在蒸锅的箅子上，然后慢慢将水倒入盛器中拌和，底下一边加热，一边用筷子隔一会搅几下，使得油脂和粉料全部融合，搅成糊状；再上旺火蒸 10 分钟，取出趁热搅拌均匀即可。

成品：将制好的面包皮分割成 30 克一块的皮，包入咖啡馅，收口向下，入烤盘，静置待饧 1 小时后，用裱花袋把雪山皮浆由里向外一圈圈均匀挤在面团上，用 220℃炉温烤 10 分钟即可。

（3）风味特点

口味香甜，外皮酥脆。

（4）技术关键

掌握好皮馅的比例，收口要收严收紧。

掌握好火候和烤制时间。

10．蜂蜜排包

（1）原料

中种面团：高筋面粉 150 克，牛奶 110 克，细砂糖 10 克，即发干酵母 3 克。

主面团：高筋面粉 120 克，全脂奶粉 20 克，蛋液 45 克，淡奶油 20 克，牛奶 25 克，细砂糖 70 克，盐 2 克，香草精 1 克，黄油 25 克，蜂蜜 50 克。

（2）制作过程

将中种面团所需材料全部倒到盆里，和成面团，放入冰箱冷藏一夜，使面团发酵至原来的 3～4 倍大。

主面团中除黄油外的其他材料倒到盆里，和发酵一夜的中种面团揪成的小块混合均匀，揉成一个面团。

当面揉光滑后把黄油揉到面里，继续摔打揉搓面团，一直到面团很光滑，可以拉出透明的薄膜，不容易破，即使破了边缘也是光滑的，即完全阶段。

把面团保鲜膜放到温暖的地方进行第一次基本发酵（28℃左右，1.5 小时就好）；待面团醒发到原来的 2 倍大的时候，用食指沾干粉穿到底，如果指孔没有回缩，表示已经发好；把面团压扁排气，然后平均分割成 12 份，每份约 50 克，滚圆，盖上保鲜膜中间发酵 15 分钟（室温）。

中间发酵过后，进行整形，擀成椭圆形薄片，像做土司一样，翻面三折，擀平，卷起面片的两端往里卷成一个实实的卷，排入比萨盘，面团间留出空隙；依次做好所有后，将比萨盘送入烤箱，进行最后发酵，约 30 分钟（最后发酵的温度为 38℃左右，可以利用烤箱的发酵功能，如果没有发酵功能，可以在烤箱底层放碗热水，水凉了后可以更换，也可以起到保温的作用）。

最后发酵好的面团表面刷混合蛋液（混合蛋液是一半水一半蛋液调成的），烤箱 170℃预热，上下火大约 20 分钟至表面上色即可出炉。

（3）风味特点

甜香可口，形态整齐。

（4）技术关键

掌握面团的发酵时间。

掌握好烤制的火候和烤制时间。

（三）咸面包的制作实例

1．咸方包

（1）原料

中种面团：高筋粉 200 克，细砂糖 10 克，酵母 4 克，温水（35℃）200 克。

主面团：高筋粉 800 克，细砂糖 180 克，改良剂 10 克，酵母 8 克，奶粉 30 克，牛奶香粉 8 克，鸡蛋 120 克，水 240～280 克，酥油 100 克，盐 10 克。

（2）制作过程

中种面团：将所有原料混合放入盆中，搅成面糊，放入物发箱（38℃）物发 1 小时。

主面团：

将高筋粉、细砂糖、改良剂、酵母、奶粉、牛奶香粉混合搅拌均匀，加入中种面团、鸡蛋、水搅拌成有筋度面团，加入酥油、盐慢速搅拌均匀，快速搅打出面筋膜。

静置 10 分钟，分剂 100 克，擀长片卷直筒形。

一个为一组放入涂抹黄奶油的模具内，入箇发箱物 1 小时至模具 8 分满，即可烘烤，着色后将模具翻面。

（3）风味特点

色泽金黄，组织细腻，口味咸鲜。

（4）技术关键

中种面团搅拌成团即可，面团要充分搅拌至面筋扩展，搅拌不足，面包烤出来后，会有面筋拉断的痕迹。

面团发酵 8 分满即可，发酵过度，烤制出来的面团会溢出来。

在烘烤的过程中，不可轻易地打开模具，因为面团在烘烤过程中会急剧膨胀，面团容易溢出。

若是面包从烤箱取出时，模具盒盖很难开启，说明烘烤时间不足。

2．法式长棍面包

法式长棍面包是一种最传统的法式面包。法国面包的代表就是“棍子面包”，原意是长条形的宝石。法式长棍面包的配方很简单，只用面粉、水、盐和酵母四种基本原料，通常不加糖、乳粉，不加或几乎不加油，小麦粉未经漂白，不含防腐剂。在形状上、重量上也统一为每条长 76 厘米，重 250 克，还规定斜切必须要有 7 道裂口才标准。

（1）原料

面粉 1000 克，干酵母 8 克，食盐 20 克，面包改良剂 10 克，面团添加剂 20 克，水 560 克。

（2）制作过程

将所有材料放入搅拌，温度在 26～27℃。法式面团要控制搅拌时间，面筋不必完全扩展。

面团基本发酵 60 分钟，温度设定 28℃，湿度 40%。

分割滚圆后面团松弛 30 分钟。

棍状面包的长度一般为 55 厘米左右，接缝处放入法棍烤盘。

面团最后场发 60 分钟左右。

发酵好的面团需割刀后再烘烤，预热好后往炉内壁喷水，使烤炉内产生蒸汽，就可以开始烘烤，210℃放下层，25～30 分钟。

（3）风味特点

表皮松脆，内心柔软而稍具韧性，越嚼越香。

（4）技术关键

中间醒发的时间一定要足，否则面团松弛不够，影响后面的造型和醒发。

最后醒发过程中，醒发箱的温度不能太大，否则面团表面划口时，容易粘刀。

刚开始烘烤的 20 分钟内，禁止随意开烤箱，否则烤箱中蒸汽丧失，影响面包表面的脆裂程度。

第三节　西饼制作工艺

一、清酥的制作

在西式糕点中，清酥点心（Puff Pastry）占有重要地位。它以口味酥香、鲜美，色泽金黄而备受人们青睐。清酥是用水、油或蛋和成的面团包入溶化的黄油擀片，经过一折、二折或三折等过程，再经过烤制而成的酥类制品。成品成熟后，显现出明显的层次，其制作的标准要求是层层如纸、口感松酥、口味多变。

要制作好清酥点心，关键是要擀制好清酥面团，因为制作清酥面团难度较大，在制作过程中，掌握好面团与包裹的油脂软硬程度要一致，擀制面团时用力要均匀（采用开酥机擀制面团时，要一点一点地压薄擀制，切忌一次性将其擀薄），每擀制折叠一次需放进冰柜进行冷冻，同时要注意环境温度。

清酥的制作原理是物理疏松。第一，利用湿面筋的烘焙特性，像气球一样，可以保存空气并能承受烘焙中水蒸气所产生的张力，而随着空气的张力来膨胀。第二，由于面团中的面皮与油脂有规律地相互隔绝所产生的层次，在进炉受热后，水调面团产生水蒸气，这种水蒸气滚动形成的压力使各层次膨胀。在烘烤时，随着温度的升高，时间加长，水面团中的水分不断蒸发并逐渐形成一层熟化变脆的面坯结构。油面层熔化渗入面皮中，使每层的面皮变成了又酥又松的酥皮，加上本身面皮面筋质的存在，所以能保持完整的形态和酥松的层次。

清酥的制作方法如下。

1．面团的调制

清酥面团是由水调面团包裹油脂，再经反复擀制折叠，形成一层面与一层油交替排列的多层结构，最多可达一千多层。成品体轻、分层、酥脆而爽口。清酥点心的配方主要涉及面粉和油脂量。按油脂总量（包括皮面油脂和油层油脂）与面粉量的比例，清酥面团可分为以下三种。

全清酥面团：油脂量与面粉量相等。

3/4 清酥面团：油脂量为面粉量的 3/4。

半清酥面团：油脂量为面粉量的一半。

其中，3/4 清酥面团较为常用。此外，皮面中油脂的加入量约为面粉量的 12%，加水量为面粉量的 44%～56%。

另外，由于现在清酥面团的制作配方较多，各种产品的不同，其配方也有所不同，不过基本上都是大致相同，在具体制作时稍加注意。还有就是依据产品的结构不同，其装饰性的原料也不尽相同，产品表面上以及馅料的装饰也是多样化的，这一点也要注意一下。

3/4 清酥面团的基本配方有：中筋粉 1500 克，食盐少许，黄油 150 克，清水 750 克，片状起酥油 1000 克。

2．整形操作

油层油脂的硬度与皮面面团的硬度应尽量一致。如果面硬油软，油可能被挤出，反之亦然。最终均会影响到制品的分层。

面团在每两次擀制折叠之间应停放（静置）20 分钟左右，以利于面层在拉伸后的放松，防止制品最后收缩变形，并保持层与层之间的分离。成型后的制品在烘烤前亦应停放约 20 分钟。

每次在擀开面团时，不要擀得太薄（厚度不低于 5 毫米），以防止层与层之间黏结。成型时，面团最后擀制成的厚度以 3 毫米左右为宜（视产品品种而定）。

擀制、折叠好的面团在静置或过夜保存时应放入塑料袋中，以防止表皮发干。

3．烘烤

烘焙前，制品表面可用蛋液涂刷，使其烘烤后光亮上色。

清酥点心的烘烤宜采用较高的炉温（220～230℃）。高温下，面层能很快产生足够的蒸汽，有利于酥层的形成和制品的胀发。

二、混酥的制作

混酥点心（Pastries）又称甜酥点心，它是用面粉、油脂、砂糖、鸡蛋等原料调制成面团，配以各种辅料，通过成型、烘烤、装饰等工艺而制成的一类点心。这类点心的面坯无层次，但具有酥松性。

混酥点心的制作原理：混酥点心面坯的酥松，主要与油脂的性质有关。油脂是一种胶性物质，具有一定的黏性和表面张力。当油脂与面粉调成面团时，油脂便分布在面粉中蛋白质或面粉颗粒的周围并形成油膜，这种油膜影响了面粉中面筋网的形成，造成面粉颗粒之间结合松散，从而使面团的可塑性和酥性增强。当面坯遇热后油脂流散，伴随搅拌充入面团颗粒之间的空气预热膨胀，这时面坯内部结构破裂形成很多孔隙结构，这种结构便是面坯酥松的原因。

混酥点心制作的一般要求：①面粉要使用筋力较小的中低筋面粉；②绵白糖和砂糖应选用易溶化颗粒细小的为宜；③混酥面团的油、糖、鸡蛋、面粉要调匀，不能有油、糖、面粉疙瘩；④制品成型时要注意面坯的大小、薄厚；⑤根据成品特点和要求，灵活掌握烘烤时间和温度。

（一）混酥的分类

混酥点心品种丰富，风味特色各异。但常见的制品一般有三类：挞（Tart），派（Pie）和小饼干点心（Cookies）。挞和派都是有馅心的一类点心，一般将精小的制品称挞。挞和派无固定大小和形状，可根据需要和模具形状随意变化，其品种则主要通过馅心及面坯的变化而多样。

（二）混酥的制作方法

1. 混酥面团最基本的搅拌方法

（1）油面调制法

先将油脂和面粉一同放入搅拌红内，中速或慢速搅拌，当油脂和面粉充分相融后，再加入鸡蛋辅助料调制均匀。这类混酥制作的要求是：面坯中的油脂要完全渗透到面粉中，这样才能使烘烤后的产品具有酥性特点，而且成品表面较平整光滑。

（2）油糖调制法

先将油脂和糖一起搅拌，然后再加入鸡蛋、面粉等原料的调制方法。这类混酥调制法是西式面点中最为常用的调制方法之一。这些方法用途极广，可以制作混合酥点心，如各种派类，挞类及饼干混酥点心等。

调剂时应注意事项有以下几点。

制作混酥面坯的面粉最好用低筋粉，其中以含蛋白质 10%左右为最佳，如果面粉筋度太高，则在搅拌面团时和整形过程中易揉搓起筋，使之在烘烤中面团发生收缩、坚硬现象，失去应有的酥松品质。

选用较高熔点的油脂，因为熔点低的液态油脂吸湿面粉的能力强，操作时容易发黏，并影响制品的酥松性。

制作混酥面团时，应选用颗粒细的糖制品。如细砂糖、糖粉，如果糖的晶体粒太粗，在搅拌中不易溶化。造成面团操作困难，制品成熟后表皮会呈现一些斑点，影响产品质量。

为增强混酥面团的酥性，在用料上可适当增加黄油、鸡蛋的用量或添加适当的膨松剂。

当酥品面团加入面粉后，切忌搅拌过久，以防面粉产生筋度，影响成型后和烘烤后产品的质量。

2．成型方法

混酥的成型一般是借助模具完成的，方法是根据制品的需要，取出适量面团放在撒有干粉的工作台上，擀成厚薄一致的薄片，然后放在模具中，例如菊花形、圆形、扣压模，圆形扣压模和心形扣压模等。

混酥成型时需要注意以下几点。

在擀制时应做到一次性擀平，并立即成型，进炉烘烤。

面团切割时，应做到动作迅速准确，一次到位。应尽量减少切割时所用的时间，尤其是在工作室温度高时，面团极易变软，影响成型的操作。

在割制面团时，动作要轻柔准确，一次到位，如果用力太大，极易将混酥面团制透，这将影响成品的品质和外观。

擀制成型时为防止面团出油，上劲不要将面团反复搓揉，以免产生成品收缩，口感坚硬，酥性差的不良后果。

在成型时，动作要快、要灵活，否则面团在手的温度下极易变软，影响操作。

3．装盘与烘烤

（1）装盘

在装盘之前，预先把烤盘抹一层油，防止产品烤熟后粘贴在烤盘上。

（2）烘烤

主要影响混酥面坯烘烤的是温度与时间。烘烤混酥时上火为170～200℃，下火为150～160℃。品种面团越大时间越长，温度越高。

三、泡芙的制作

泡芙（Puff）是一种西式甜点。蓬松张孔的奶油面皮中包裹灌奶油、巧克力甚至冰激凌。

16世纪初，奥地利哈布斯王朝和法国波旁王朝为长期争夺欧洲的主导权，已经战得精疲力竭。为避免邻国渔翁得利，双方达成政治联姻的协议。在奥地利公主与法国皇太子举行的大型婚宴上，泡芙作为压轴甜点，为长期的战争画上休止符。

泡芙作为吉庆、友好、和平的象征，人们在各种喜庆的场合中，都习惯将她堆成塔状，在甜蜜中寻求浪漫，在欢乐中分享幸福。流传到英国后，所有上层贵族下午茶和晚茶中最缺不了的也是泡芙。

（一）泡芙的特点

泡芙吃起来外热内冷，外酥内滑，口感极佳。泡芙在制作时，首先用水、奶油、面粉和鸡蛋做成面包，然后将奶油、巧克力或冰激凌通过注射灌进面包内即成。在泡芙上，可以撒上一层糖粉，还可放干果仁、巧克力酱、椰蓉等。

（二）制作工艺

煮面糊：水加黄奶油煮开，一边搅一边加入面粉，煮至完全糊化。

打面糊：将煮好的面糊放在搅拌机里冷却至不烫手，再分次加入鸡蛋充分搅拌均匀，放入裱花袋里。

烘烤与装饰：一般采用中上火进行烤制，也可以用油炸熟。将已经成熟的泡芙用鲜奶油、水果或果酱进行装饰。

参 考 文 献

[1] 汪海涛. 中式面点制作[M]. 北京：北京理工大学出版社，2018.
[2] 张德霞，杨永湘. 中式面点制作[M]. 成都：四川大学出版社，2018.
[3] 王凤仙，陈福娣. 中式面点技艺[M]. 北京：经济管理出版社，2018.
[4] 陈洪华，李祥睿. 中式面点加工工艺与配方[M]. 北京：化学工业出版社，2018.
[5] 周清源. 国宝级大师的中式面点圣经　专业白案厨师、中华面点爱好者进阶指南[M]. 海口：海南出版社，2018.
[6] 甘智荣. 创意手工中式发酵面点[M]. 哈尔滨：黑龙江科学技术出版社，2018.
[7] 钱峰. 面点原料知识 第 2 版[M]. 北京：中国轻工业出版社，2018.
[8] 张桂芳. 中式点心制作[M]. 重庆：重庆大学出版社，2018.
[9] 甘智荣. 看视频 一学就会的花样面点[M]. 南昌：江西科学技术出版社，2018.
[10] 刘树苹. 中式菜点品质的仪器化表征[M]. 北京：化学工业出版社，2018.
[11] 甘智荣. 中式面点大全[M]. 南昌：江西科学技术出版社，2017.
[12] 王美. 中式面点工艺与实训[M]. 北京：中国轻工业出版社，2017.
[13] 张丽，耿光顺. 中式面点[M]. 北京：科学出版社，2017.
[14] 冯国强，张洪尧，张小丽. 中式面点制作[M]. 北京：中国农业科学技术出版社，2017.
[15] 林小岗，唐学雯. 中式面点技艺（第 2 版）[M]. 北京：高等教育出版社，2017.
[16] 刘昌勇，张俊. 中式面点技艺[M]. 中国原子能出版社，2017.
[17] 杨月通，郑慧敏. 食品生物工艺专业改革创新教材系列 中式面点制作[M]. 广州：暨南大学出版社，2017.
[18] 黎国雄. 掌中宝　饼干面点烘焙全书[M]. 南京：江苏科学技术出版社，2017.
[19] 张建国. 中西面点制作技艺[M]. 北京：北京师范大学出版社，2017.
[20] 仇杏梅. 中西面点制作技艺[M]. 北京：北京师范大学出版社，2017.
[21] 邓雄，王大勇. 中西式面点技术[M]. 太原：北岳文艺出版社，2016.
[22] 面点制作编委会. 中西式面点制作（全 2 册）[M]. 广州市：华南理工大学出版社，2016.

[23] 钟志惠. 西式面点工艺与实训[M]. 北京：科学出版社，2016.
[24] 蝶儿. 超经典家常面点分步图解大全[M]. 青岛：青岛出版社，2016.
[25] 欧玉蓉. 食品生物工艺专业改革创新教材系列　欧式甜点与巧克力制作[M]. 广州：暨南大学出版社，2016.
[26] 甘智荣. 主食小吃6000例[M]. 重庆：重庆出版社，2016.
[27] 蝶儿. 我食我素[M]. 青岛：青岛出版社，2016.
[28] 飞雪无霜. 飞雪无霜的烘焙时光[M]. 长春：吉林科学技术出版社，2016.
[29] 史见孟. 西式面点师　三级[M]. 北京：中国劳动社会保障出版社，2016.